花境营建
实用技术

杨丽琼 郭翠娥 赵建宝 著

四川科学技术出版社

图书在版编目（CIP）数据

花境营建实用技术 / 杨丽琼，郭翠娥，赵建宝著.
成都：四川科学技术出版社，2025.6.
ISBN 978-7-5727-1612-6

Ⅰ.TU986.2-49

中国国家版本馆CIP数据核字第202427NA04号

花境营建实用技术
HUAJING YINGJIAN SHIYONG JISHU

著　　者	杨丽琼　郭翠娥　赵建宝
出 品 人	程佳月
责任编辑	胡小华
责任出版	欧晓春
出版发行	四川科学技术出版社
	成都市锦江区三色路238号　邮政编码：610023
	官方微博：http://weibo.com/sckjcbs
	官方微信公众号：sckjcbs
	传真：028-86361756
成品尺寸	170mm×240mm
印　　张	21.25
字　　数	425千
印　　刷	四川川林印刷有限公司
版　　次	2025年6月第1版
印　　次	2025年6月第1次印刷
定　　价	168.00元

ISBN 978-7-5727-1612-6

邮　　购：成都市锦江区三色路238号新华之星A座25层
邮政编码：610023
电　　话：028-86361770

与杨丽琼老师熟悉的缘由，其实是因为她的那些学生。记得在2023年第八届中国花境论坛中，她指导的师生团队从设计、施工到养护，全程完成了花境的营建，并获得第五届中国花境大赛钻石奖，其劳动态度和工作效益令人羡慕！想想我的许多学生，即使有较强的理论知识，也缺乏实际的动手能力。他们所谓的动手能力大多是在实验室养成的，与园林（田间）还是有很大的区别。也难怪，我一半以上的本科生都保研、出国或考研，走了深造之路。

杨丽琼老师的团队（杨丽琼花境工作室）承担了2024年成都世界园艺博览会高校展园"耕读畅想园"的花境景观的设计、施工与养护工作，该园获得成都世界园艺博览会组委会颁发的"绿色园艺创意奖"。在2025年中国园艺学会球宿根花卉第十八届学术年会上，杨老师以《"校企联动，产教融合"模式下的花境技能型人才培养实践探索》为题作了报告，并被评为优秀报告。杨老师作报告时条理清晰，逻辑性和科学性强，在十五分钟内妙语连珠、妙趣横生地呈现了报告内容。她是一位学识出众、称职能干的老师。

这次她与四川国光园林科技股份有限公司花卉研究所所长郭翠娥、北京草源生态园林工程有限公司总经理赵建宝一起编写了《花境营建实用技术》，可谓锦上添花！这本专著从花境的概念、设计、施工、养护，到花境植物的应用，把方方面面系统、科学地组织在了一起，这反映了杨老师有宽广的知识面和很强的整体把控能力。浏览书稿的过程中，我一直有一种"看图说话"的感觉。想看图的时候，肯定有（图×-×）跟在后面。我不相信她是按文找图，而是多年留心积累的。完工的、漂亮的景观照片，人人都会照，但那些施工、养护过程的照片，非得有意为之。这说明杨老师确是花境的有心之人。我给本科生和研究生教了二十多年园林种植设计，杨老师按观赏特征、景观效果对花境植物进行分类，对花境设计方法进行分类剖析，都很有新意。这也充分表明了杨老师对学术的钻研。有爱、有才，加上有识、有心、有学，这就是好老师的模样。

花境让生态更美丽！在生态文明的大背景下，公（花）园城市、美丽乡村建设蓬勃兴起。我国已经实现了国土的普遍绿化和城乡的园林绿化，目前要做的是，在绿化祖国的本底之上美化城乡，即"绿上添花"。花境以其生态、美丽等特点，是美丽中国的重要抓手。这本《花境营建实用技术》可作为高职院校的教材，也可作为花境师研修和从业的宝典。

中国园艺学会球宿根花卉分会会长

中国农业大学园艺学院教授

博士

2025 年 3 月 20 日

随着美丽中国建设、生态文明建设的深入推进和人们对美好生活需求的日益增长，花境的普及率越来越高，花境已然成为园林绿化中不可或缺的景观类型。花境作为生态功能的载体、城市美学的元素和公众生态教育的平台，在生物多样性保护、城市微气候调节、社会心理疗愈等方面发挥着重要作用。

花境营建是一项专业性、综合性、艺术性较强的工作，涉及植物认知、景观设计、园艺技术、美学修养等多个领域，需要从业者具有扎实的理论基础、过硬的操作技能和丰富的实践经验。《花境营建实用技术》一书正是在这样的背景下应运而生。本书旨在为读者提供一套系统、全面、实用的花境营建指南，涵盖从设计、施工到养护的完整流程，力求将理论与实践紧密结合，满足不同层次读者，尤其是高职院校师生和一线从业者的需求。

本书的特点主要体现在以下三个方面：一是内容全面，体系完整。本书从花境的概念、发展历史、功能分类等基础知识入手，逐步深入到花境的设计原则、方法、技巧，再到施工流程、植物配置、养护管理等实用技术，内容涵盖了花境营建的各个环节，形成了一整套完整的认知体系；二是图文并茂，通俗易懂。本书配有1 000余张实景照片，图文并茂地展示了花境营建的各个环节，使读者能够更加直观地理解和掌握相关知识与操作技能；三是实用性强，参考价值高。本书是笔者多年从事花境相关教学、科研、技术服务等实践的理论总结与创新拓展，尤其在花境植物的分类、设计语言的归纳、养护案例的解析等方面都具有贴近花境发展现状的独到见解。无论是相关专业的学生、教师，还是从事花境植物材料生产与经营、花境设计、施工与养护的从业者，抑或城市基层管理者，都能从本书中获益。

本书一共有6章，第1章、第2章、第3章、第5章由成都农业科技职业学院杨丽琼编写，第4章由四川国光园林科技股份有限公司花卉研究所郭翠娥、王林、向剑超、杨鹏编写，第6章由北京草源生态园林工程有限公司赵建宝编写。本书第2章的平面图由西昌学院（成都农业科技职业学院校区）胡菲完成，第5

章的简笔画由成都农业科技职业学院刘鑫完成。

全书由中国园艺学会球宿根花卉分会副会长、花境专家委员会主任委员、苏州农业职业技术学院成海钟教授进行指导并审核。

本书能顺利出版，得到了成都农业科技职业学院的各级领导、各级职能部门与老师们的支持与帮助；本书的编写也得到了四川科学技术出版社、四川国光园林科技股份有限公司（蒋飞总经理、刘刚副总经理、任伟部长等），以及北京花园里农业科技有限公司靳文东总经理、河北农业大学孟庆瑞副教授及赵鹏翔、刘凤怡等同仁们的支持与帮助，在此表示感谢。

最后要真诚感谢中国园艺学会球宿根花卉分会会长、中国农业大学园艺学院教授刘青林博士为本书作序并给予建议和指导。

希望本书能为美丽中国建设和花境行业的发展贡献一份微薄的力量。由于作者水平有限，不当之处请广大读者朋友们批评指正。

杨丽琼

2025年3月于成都

目 录

第一章　花境认知

第一节　花境概念认知

一、花境的概念

花境是指模拟自然界林地边缘地带多种野生花卉交错生长的状态而设计的一种花卉应用形式。花境是人们参照自然风景中野生花卉在林缘地带的自然生长状态，经过艺术提炼而设计的自然式花带。一般选用低矮花灌木、露地宿根花卉、球根花卉及少量一两年生花卉，常栽植在树丛中，绿篱、栏杆上，绿地边缘，道路两旁及建筑物前，呈自然式种植。花境是花卉应用于园林绿化的一种重要形式，它追求"虽由人作，宛自天开""源于自然，高于自然"的艺术手法。

二、花境与花坛的区别

图1-1　峨眉高桥里花境

图1-2　上海辰山植物园建党100周年花坛

（一）性质不同

花境：指模拟自然界林地边缘地带多种野生花卉交错生长的状态而设计的一种花卉应用形式（如图1-1）。

花坛：是按照设计意图在一定范围内对观赏花卉进行规则式种植以表现花卉群体美的园林设施（如图1-2）。

（二）表现形式不同

花境：通常以自然式的花丛为基本单位构成，外部轮廓自然，不讲究平面图案（如图1-3）。

花坛：通常有几何轮廓，较为规整，表现为对比鲜明的色块组合，讲究平面图案（如图1-4）。

（三）植物材料不同

花境：以株型自然、花色淡雅、具有野趣的宿根花卉为主（如图1-5）。

图1-3　峨眉高桥里花境

图1-4　天安门广场花坛

花坛：以株型低矮、开花整齐、花期集中、花色鲜明的一二年生时令花卉为主（如图1-6）。

（四）应用区域不同

花境：一般是带状布置方式，因此可在小环境中充分利用边角、条带等地段（如图1-7）。

花坛：主要用在建筑物前、入口、广场、道路旁等规则式园林场所（如图1-8）。

图1-5　成都农业科技职业学院图书馆花境

图1-6　上海共青森林公园花坛

图1-7　重庆麓悦江城花境

图1-8　上海世纪公园入口花坛

第二节　花境的起源发展与景观特质

一、花境的起源

花境（flower border，herbaceous border，perennial border），国内曾有学者译为花径，但现在统一译为花境。花境起源于英国，至今已有200年左右的历史。花境的概念于20世纪30年代被中国学者引用在著作中，20世纪80年代译为"花境"，并给出了基本的概念。

二、花境的发展过程

花境在欧美地区经历了从草本花境到混合花境的发展过程。中国的花境发展始于20世纪80年代，上海等一线城市引进国外优秀宿根花卉，并以花境的形式试用于公共绿地。2016年，唐山世界园艺博览会举办首届花境景观国际竞赛，共有国内外44个作品参赛，引起了业界内外的关注。此后合肥等城市以花境竞赛为引领，带动了花境在城市景观中的应用。2017年，第九届中国花卉博览会上花境与花坛等分别设置了独立的奖项。2019年，北京世界园艺博览会（简称北京世园会）上，以上海园、湖北园为代表的室外展园以高质量的花境展现了展园植物景观的特点，赢得了好评。大师园"新丝绸之路"以草甸风的花境展示了国际花境发展的最新趋势。北京世园会公共区域的九州花境、园艺小镇的北京乡土植物花境都显示了我国北方花境的最高水平。2021年，在上海崇明举办的第十届中国花卉博览会上，多数室外展园的植物配置采用了花境形式或花境手段，并举办了首届中国国际花境大赛，共有39个作品（国内36个，国际3个）参加竞赛，展示了当时花境发展的最高水平，为花境在我国的推广发挥了示范引领作用。2024年，成都世界园艺博览会上，花境成为113个国内外室外展园植物景观的主要形式，体现了花境在植物景观中的重要地位和发展趋势。

由中国园艺学会球宿根花卉分会主办的中国花境大赛，自2017年创办以来，已经连续举办了七届，来自23个省市的近200家机构或个人的500多件花境作品参加了大赛，对普及花境知识，培养集设计、施工和养护管理于一体的技能人才发挥了积极作用。

三、花境的景观特质

与花坛、花海等以开花植物材料为主营建的植物景观相比，花境具有以下景观特质。

（一）植物种类丰富

根据上海等城市的经验数据，花境所用植物的种类（含品种）是同等规模花坛的5~8倍。植物材料丰富是景观多样性和色彩丰富性的重要物质基础，也是区域生物多样性的基础，但单个花境作品所用植物种类不是越多越好，也不以植物种类多寡作为作品优劣的唯一依据。

（二）色彩丰富和谐

以多年生宿根植物为主营建的花境景观，具有丰富的色彩，是公共绿地植物景观中色彩的主要来源。上海、西安等城市将发展花境作为城市"彩化"的重要抓手，成为新一轮城市更新、景观提升的首选。由于花境植物种类丰富，色彩选择的自由度高，无论是表现高雅的冷色调还是彰显热烈的暖色调，花境都能准确表达。

（三）季相鲜明有序

以多年生宿根植物为主营建的花境，四季颜色和形态的变化及年度间的重演都是花境季相表现的物质基础。花境植物次第开花构成了花境特有的"三季有花、四季有景"的景观，年度间的季相重演延长了花境的景观观赏价值。

（四）景观自然亲民

花境以近人尺度和灵活多变的适应性，营建市民可以"走进去、坐下来、细细看、慢慢品"的植物景观。由于多数宿根花卉的开花高度都在人的目光平视范围内，再加上丰富的色彩、结构与质地，市民更愿意亲近花境这样的植物景观。花境景观的自然亲民性还为自然科普和植物疗愈提供了条件。

（五）维护低碳节约

宿根花卉的多年生习性是花境景观低维护的重要基础。相较于需要换季换花的花坛，花境的植物材料和人工成本明显低于花坛，但花境对设计、营建和维护人员的技术技能要求高于花坛，体现了花卉景观从劳动密集型向技术密集型过渡的产业发展趋势。

四、花境的发展趋势

我国花境发展处于模仿与创新迭代发展的阶段，围绕"美观、长效、低维护"的阶段性目标，呈现出以下发展趋势。

（一）类型多元化

混合花境是公共绿地花境的首选形式。在坚持以多年生花卉为主的原则下，根据各地条件和功能目的灵活配置适量的灌木、小乔木、一两年生花卉、蕨类植物等构成三季有花、四季有景的花境景观。草本花境适用于管理精致的私家庭院或高端地产项目，以精致的园艺技术展示由多年生植物构成的季相鲜明的植物景观。草甸花境以其野趣展示乡村风格的植物景观。另外，适用于疏林下的阴生花境、适用于干旱少雨生境的岩生花境、适用于硬质地面等绿化立地困难的容器花境也应运而生。

（二）规模小型化

花境是近人尺度的植物景观，适宜于"走进去、坐下来、慢慢看、细细品"。在实际应用中，花境不再追求大体量，而是因地制宜，充分利用城市中的金边银角、楼边院角，以点睛之笔提亮环境质量。单个花境的面积一般都较小，小则几十平方米，大则几百平方米。即使在较大规模的绿化工程中，为节约营建和管理成本，花境一般也建在重要节点上。

（三）工程精品化

花境体量虽小，但多数处于公共绿地的"C位"，容易成为视觉焦点和形象代表。从花境植物选择、地形营建、植物配置，到落地施工、养护管理的全过程都要精雕细刻，让花境成为绿化工程中最能体现营建者综合业务水平的标志性工程。

（四）营建专业化

花境虽小，但"五脏俱全"。在设计表达、植物选配、落地程序、养护技巧等方面都需要较高的专业知识和操作技能，因此，花境营建的专业化已渐成趋势，中小型的花境营建机构脱颖而出，集设计、施工、养护管理于一身的花境技能型人才供不应求。

（五）管理亟待规范化

我国花境由于推广时间不长，尚无统一的营建技术规程和计价标准，亟待完善。

五、花境发展对人才的需求

专门人才是花境发展的重要支撑。集设计、施工与养护管理于一体的技能型人才不足已经影响到花境的持续健康发展，花境从业者的岗位能力亟待提升。花境从业者的岗位能力一般包括花境植物认知能力、花境方案设计能力、花境方案落地能力、花境景观养护管理能力和继续学习与创新能力等。花境植物认知能力包括植物形态识别能力、生态习性与观赏特征的认知能力等。花境方案设计能力包括平面图（含种植图）、植物配置表、季相图、立面图、效果图和养护技术指导书的绘制与编写能力等；花境方案落地能力包括图纸解读、微地形改造、土壤改良、放线定位、植物栽植、现场调整与验收能力等；花境景观养护管理能力包括日常水肥管理、看苗诊断、植物修剪整形、花期调控、植物更新复壮能力等；继续学习与创新能力包括对植物景观发展趋势的分析判断能力、在守正基础上的创新能力等。

第三节　花境类型认知

一、按观赏角度分类

（一）单面观赏花境

单面观赏花境是以绿林、建筑、景墙等作为背景，整体上前低后高，仅作一面观赏的花境（如图1-9）。

（二）双面观赏花境

双面观赏花境多设在道路中央绿化隔离带，植物种植总体上以中间高、两侧低为原则，可供两面观赏（如图1-10）。

图1-9　单面观赏花境

图1-10　双面观赏花境

图1-11　多面观赏花境

图1-12　对应式花境

图1-13　林缘花境

（三）多面观赏花境

多面观赏花境多设在广场、道路交叉口和草地中央，植物种植总体上以中间高边缘低为原则，可供多面观赏（如图1-11）。

（四）对应式花境

对应式花境一般以带状建在道路两侧。两侧花境的植物配置与景观以镜像呈现。单侧花境景观一般呈前低后高的趋势（如图1-12）。

二、按所在环境分类

（一）林缘花境

林缘花境是依林地边缘营建的花境，其平面形状一般呈带状依林缘蜿蜒曲折，最能展现花境的自然之美，是目前应用较广泛的花境形式（如图1-13）。

（二）路缘花境

路缘花境是依道路一侧或两侧营建的花境，其长轴或直或曲，类似单面观赏花境或双面观赏花境。路缘花境离观赏者较近，其近人的尺度，往往具有良好的观赏效果（如图1-14）。

图1-14　路缘花境

（三）墙垣花境

墙垣花境是依墙垣营建的花境。一般以建筑墙体为背景，也包括绿篱、栅栏、篱笆等，景观呈前低后高的趋势，供一侧观赏（如图1-15）。

（四）滨水花境

滨水花境是在近水区域或浅水区域营建的，将叶形、色彩、株高等不同的各类滨水植物结合水景，用花境的手法营造的植物景观（如图1-16）。

（五）庭院花境

庭院花境是在庭院内也包括相对封闭的各类建筑物围合区域内营建的花境，其主题与形式多与庭

图1-15　墙垣花境

图1-16　滨水花境

院景观相配合。由于庭院的空间限制，庭院花境常以容器花境和园林花境相结合进行设计（如图1-17）。

（六）旱溪花境

旱溪花境是由卵石与各种花境植物搭配仿造自然界中干涸的河床两边野生花卉交错生长的旱溪景观（如图1-18）。

图1-17　庭院花境　　　　　　　　　　图1-18　旱溪花境

三、按植物材料分类

（一）宿根花卉花境

宿根花卉花境是以宿根花卉为主的花境。宿根花卉花境植物种类多，形态质感丰富，景观富有季相变化，因此一直是花境界追求的主流形式（如图1-19）。

（二）球根花卉花境

球根花卉花境是以各种球根花卉为主的花境。球根花卉修长的花梗具有高挑的气质，能营造透气且灵动的景观效果（如图1-20）。

图1-19　宿根花卉花境　　　　　　图1-20　球根花卉花境（以郁金香为主）

图1-21　观赏草花境

（三）观赏草花境

观赏草花境是由叶形、色彩、株高等不同的各类观赏草组成的花境。观赏草花境具有的光影效果、自由肆意之姿，能营造野趣横生的自然景观（如图1-21）。

（四）沙生植物花境

沙生植物花境是由叶形、色彩、株高等不同的各类沙生植物组成的花境。沙生植物独特的形态和质感能营造出个性鲜明的植物景观（如图1-22）。

图1-22　沙生植物花境

（五）灌木花境

灌木花境是以体量较小、质感较细、株型容易控制的灌木为主组成的花境。灌木花境一般具有稳定的季相景观（如图1-23）。

图1-23　灌木花境

（六）混合花境

混合花境是由宿根花卉、球根花卉、观赏草、一二年生草本花卉、灌木或株型易控制的小乔木组成的综合景观。混合花境具有丰富的景观层次和较为稳定的季相景观（如图1-24）。

四、按生态条件分类

（一）阳生花境

阳生花境是在阳光充足处，以喜阳植物为主营建的花境（如图1-25）。

图1-24 混合花境

图1-25 阳生花境

（二）阴生花境

阴生花境是在上层植物郁闭度高或背阴处，以耐阴植物为主营建的花境（如图1-26）。

（三）岩生花境（岩石园花境）

岩生花境是在干旱区域或模拟干旱生境中，以高山植物、岩生植物为主营建的花境，一般用岩石进行地形营造，模拟高山、岩生植物生境景观的植物专类园（如图1-27）。

（四）水生花境

水生花境是在低洼区域或模拟多水生境中、以喜湿植物为主营建的花境（如图1-28）。

五、按色彩分类

（一）单色系花境

单色系花境是用相近或相似色彩的植物营建的花境（如图1-29）。

图1-26　阴生花境

图1-27　岩石园花境

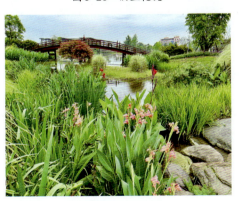

图1-28　水生花境

图1-29　单色系花境

图1-30 双色系花境

图1-31 多色系花境

图1-32 长效花境

（二）双色系花境

双色系花境是由两种主色调营建的花境。如图1-30是以蓝色与绿色为主营建的花境。

（三）多色系花境

多色系花境是用多种色彩植物营建的花境（如图1-31）。

六、按营建目的分类

（一）长效花境

长效花境是以观赏期3～5年为目标而营建的花境。这类花境最能体现花境景观的特质，如上海清涧公园的花境始建于2006年，至今已有17年的历史，后来虽然做过数次调整，但只是进行了局部调整，调整的内容包括控制中后景木本植物的体量、减少部分木本植物数量、增加宿根植物等（如图1-32）。

（二）展示花境

展示花境是以即时观赏效果为目标而营建的花境。这类花境一般不考虑花境的长效性而重视即时的景观效果。如图1-33是第25届中国国际花卉园艺展的花境作品。

七、按栽植方式分类

(一) 园林花境

花境中所有植物均栽植于地面土壤之中，利用植物的高低层次和微地形营造空间，主要用于公共园林绿地空间（如图1-34）。

图1-33　展示花境

图1-34　园林花境

(二) 容器花境

容器花境是将花境植物以花境营造手法组合栽植于可移动的容器内，利用高低错落的组合容器营造空间。这种可移动的容器花境，可以满足室内外困难立地环境的美化需要，见于已经硬化地面的街头绿地、商场室内外空间、庭院和阳台等（如图1-35）。

图1-35　容器花境

（三）立体花境

立体花境是将花境植物以花境营造手法栽植于立体骨架上的一种垂直绿化形式（如图1-36）。

图1-36　立体花境

八、按组合方式分类

（一）团块组合式花境

团块组合式花境将花境植物以大小不一的自然式团块为单位，进行错落有致的搭配，讲究立面层次的变化，适合用于面积不大，且适宜近距离欣赏的区域（如图1-37）。

图1-37　团块组合式花境

（二）草甸式花境

草甸式花境以色彩和质感不同的宿根花卉为主，通过点植与小团块结合，并搭配少量素色的观赏草，模拟高山草甸或草原的自然景观，形成如同油画般绚丽的植物景观，适合用于面积较大的区域（如图1-38）。

（三）新自然主义花境

新自然主义花境应用

低维护特性的乔灌草模拟自然的生态群落，强调"师法自然"的配置手法，营造自然界中原生生境的植物群落景观（如图1-39）。

图1-38　草甸式花境

图1-39　新自然主义花境

由于花境在不断发展，分类方式会有所不同，花境的类型也会越来越丰富，我们应根据花境所处环境、位置、尺寸大小、设计主题等合理地选择花境类型。

第四节　花境植物认知

一、花境植物与传统园林植物的区别
花境是模拟自然界林地边缘地带多种野生花卉交错生长的状态而设计的一种花卉应用形式。为了达到"虽由人作，宛自天开""源于自然，高于自然"的艺

术境界，花境植物与传统园林植物在形态、色彩、质感等方面的要求都有所不同。花境植物一般包括部分观赏价值较高的露地宿根花卉、花灌木、球根花卉及少量一二年生花卉，植株形态以自然飘逸为主，色彩以典雅含蓄为主，在质感上灌木以细腻为主，多年生草本花卉则要求质感对比鲜明。这里的传统园林植物是相对于常见的花境植物而言的，传统园林植物一般在形态、色彩、质感等方面没有特殊要求，包括各种乔木、灌木、藤木和所有草本植物。

二、花境植物的主要商品形式与规格

花境植物的商品形式有容器苗、土球苗和裸根苗。

（一）容器苗

目前随着花境植物容器化生产的标准化，花境项目中的植物材料大部分都选择容器苗，容器一般以加仑盆、美植袋为主。由于容器苗的根系是在容器内形成的，在出圃、运输和施工的过程中，根系得到容器保护，因此栽植成活率高，栽植后根系恢复生长快，没有裸根苗的短期停滞生长现象，并且种植前不用修剪，可以一次成型、立竿见影，大大降低了养护管理难度和成本。另外，生产企业以容器苗的方式无季节限制地供应园林绿化苗木，可以满足反季节施工的需求。

1.容器苗的规格

（1）常规款加仑盆

目前的花境植物大部分采用常规加仑盆生产，加仑盆具有价格适中、型号多、空间大、容量深、耐挤压、不容易变形破损、移动轻便、装盆省力、耐用等特点。利用常规款加仑盆栽培生产的植物具有如下特点：植物在生长过程中，根系接触到盆内壁的时候，根系呈螺旋方式往下生长，当根系往下接触到底部的排水孔时，就会沿着底部盘旋，若长时间不换盆，根系在底部缠绕，植物的生长势会减弱，这类长期不换盆的容器苗若在花境项目中不处理根系直接栽植，容易闷根而死亡（如图1-40）。

图1-40 常规款加仑盆

表1-1是常规款加仑花盆尺寸，具体尺寸会因品牌不同而略有差异。

表1-1 常规款加仑盆尺寸

种类	口径/cm	底径/cm	高度/cm
0.5加仑盆	14	10.7	14
1加仑盆	16	12.8	17.5
1.5加仑盆	20	16	20
2加仑盆	22.8	18.5	21.5
3加仑盆	24.5	19.5	26.5
5加仑盆	28	22	31
6加仑盆	32	25.5	34
7加仑盆	38	30.5	40.5

（2）浅款加仑盆

普通加仑盆盆身比较深，对于浅根系植物，需要在底部加渗水层，而浅款加仑盆因为盆身较浅，浇透水之后底部基质能及时干透，不会导致根系腐烂，适合各种浅根系植物（如图1-41）。

图1-41 浅款加仑盆

表1-2是浅款加仑花盆尺寸，具体尺寸会因品牌不同而略有差异。

表1-2 浅款加仑盆尺寸

种类	口径/cm	底径/cm	高度/cm
16浅款加仑盆	16	12	12
20浅款加仑盆	20	16.5	14

续表

种类	口径/cm	底径/cm	高度/cm
22浅款加仑盆	22	18	15
25浅款加仑盆	25	21	17
27浅款加仑盆	27	22	18
30浅款加仑盆	30	25	19
34浅款加仑盆	34	28.5	21.5
38浅款加仑盆	38	32	25
45浅款加仑盆	45	37	30
56浅款加仑盆	56	46	35

（3）加仑吊盆

加仑吊盆适用于各种垂吊植物。表1-3是加仑吊盆尺寸，具体尺寸会因品牌不同而略有差异（如图1-42）。

图1-42　加仑吊盆

表1-3　加仑吊盆尺寸

种类	口径/cm	底径/cm	高度/cm
16加仑吊盆	16.5	12.5	12.5
20加仑吊盆	20.5	15.5	13
24加仑吊盆	24.5	18.3	14
30加仑吊盆	29.8	23	15

（4）加仑控根盆

目前的加仑控根盆有圆形和方形两种。加仑控根盆在盆的侧壁留有透水孔及透气槽，当根系接触到侧面空气的时候，过长的根系就会停止向外生长，而是往里生长出侧根，这样根系不会产生底部缠绕的现象。这样的加仑控根盆可以较长时间不用换盆，也不会影响植物的生长，并且由于侧壁留有排水孔及透气槽，透水、透气性能比较好，对于怕积水、不耐水湿的植物来说，不会出现烂根死亡的情况。但是它的保水性比较差，因此浇水频率比普通的加仑盆要高。

①圆形加仑控根盆如图1-43。表1-4是圆形加仑控根盆尺寸，具体尺寸会因品牌不同而略有差异。

图 1-43　圆形加仑控根盆

表 1-4　圆形加仑控根盆尺寸

种类	口径/cm	底径/cm	高度/cm
12 加仑圆形控根盆	12	8.1	10
14 加仑圆形控根盆	14	10.2	14
16 加仑圆形控根盆	16	12	16
18 加仑圆形控根盆	18	13.6	18
20 加仑圆形控根盆	20	15	20
22 加仑圆形控根盆	22	16.7	22
24 加仑圆形控根盆	24	18.2	24
26 加仑圆形控根盆	26	19.7	26
30 加仑圆形控根盆	30	22.6	30

②方形加仑控根盆如图 1-44。表 1-5 是方形加仑控根盆尺寸，具体尺寸会因品牌不同而略有差异。

图 1-44　方形加仑控根盆

表 1-5　方形加仑控根盆尺寸

种类	口径/cm	底径/cm	高度/cm
小号控根方盆	15	10.3	12.8
中号控根方盆	18	12.5	15.4
大号控根方盆	21	13.7	21

总之，容器的尺寸要根据植物的生长情况和产品定位来确定，不能过大也不能过小。一般小苗用小盆，大苗用大盆。大盆小苗会导致浇水之后不能干透，局部土壤一直保持湿润的状态，会造成土壤不透气，苗木根系无法正常生长的情况。若采用大苗小盆，植株容易窝根、盘根，这类容器苗直接用于工程施工会导致植株生长不良，甚至死亡。一些容器还可以根据要求定制，满足不同的种植需求。比如，可以通过改变加仑盆的排水孔位置和数量来增加它的排水透气性。美植袋可以根据要求缝制成各种规格，也可根据承重量，增加拉手，方便转移和搬运。

2.容器的材质对植物生长的影响

容器的材质对于容器苗长势的影响是显而易见的，透气性好的材质更有利于苗木生长。尤其在炎热的夏季，透气性好的材质有利于降低容器内种植土的温度。目前有一种环保又节约的容器叫做无纺布容器，与塑料材质的加仑盆和种植袋类容器相比，无纺布容器即使受到太阳直射，温度变化也不是非常大，因此更有利于苗木生长。而且无纺布的透气性比塑料材质好，有利于苗木根系的生长。不过无纺布透水性好，因此保水性能较差，需要增加灌溉频率，防止苗木缺水。造林苗木一般用轻质网袋进行播种和扦插繁殖，出圃后直接栽种，不用再移除外层网袋，方便快捷。销往家庭园艺方向的产品则可选择红陶盆、木箱、彩色加仑盆等有一定装饰作用的花盆。

3.容器的颜色对植物生长的影响

容器的颜色对苗木生长的影响，最主要表现在夏季。如果是黑色容器，夏季暴露在烈日之下，种植土温度会急速上升，影响植物的生长，白色容器则可以适当降低种植土的温度。白色容器抗紫外线能力比较弱，使用寿命较黑色容器短，所以，一般还是选择黑色容器，只是需要在夏季做好遮阴工作。另外，夏季可以适当提高容器的摆放密度，这样有利于苗木之间互相遮阴，降低温度。

（二）土球苗

绿化工程中的常绿树和落叶树非休眠期移植均应采取带土球法移植，花境项目中的小乔木和大灌木也常使用土球苗。一般乔木的土球直径按胸径的8倍左右计算，根据需要也可按地径的7倍左右计算；灌木或丛生状乔木的土球直径一般按其冠径的1/3计算；土球厚度一般为土球直径的1/2左右。用于花境项目的土球苗要求树冠丰满、树型优美、枝条分布均匀、修剪合理、土球包扎紧实牢固、包装方法及包装材料科学实用。土球苗的大根须平滑锯断，严禁根裂。土球苗在运输过程中必须进行保湿、防风、防晒、抗蒸腾、抗寒等抗逆技术处理。

（三）裸根苗

裸根苗指根系裸露在外，根部不带土或带部分"护心土"的苗木。裸根苗根系应发达，侧根和须根丰富，主根短直，起苗时不受损伤，根系大小应与苗龄和规格相匹配。裸根苗相对土球苗而言，其重量小、易起苗、省栽工，包装、运输、储藏等都比较方便。应缩短裸根苗从起苗到栽植的时间，若不能及时栽植，起苗后必须假植或用保湿材料对根部进行包扎覆盖。大多数休眠期的落叶乔灌木和宿根花卉可以采用裸根进行栽植。裸根苗宜在落叶后至萌芽前在当地最适宜季节栽植。

三、花境植物的分类

（一）按植物在花境中的空间层次分类

对于团块组合式花境而言，一般将花境的植物空间分为三层，分别是前景、中景和后景（如图1-45）。对于这3个层次，总的原则是把最高的植物种在后面做背景，最矮的植株种在前面或四周做后景。现实情况下不能刻板遵循这个原则，适当地把一些高茎植物前移，花境就会显得层次分明而错落有致。草甸式花境由于模

图1-45　花境的空间层次

拟高山草甸或草原的自然景观，主要强调平面效果，不适用此分类方法。

（二）按观赏特征分类

根据花境植物的观赏特性不同，把花境植物分为以下几类：群花繁茂类、高茎类、低矮匍地类、观赏草类、阔叶类、花灌木类。

1.群花繁茂类

这类植物通常开花繁茂，是构成花境前景和中景的主体材料，如鼠尾草类、金鸡菊、天人菊、落新妇、蓍草、鸢尾、紫娇花、矮生翠芦莉、矮生马利筋、桑托斯马鞭草、蜜花千屈菜、大滨菊、五色梅、松果菊、亚菊、千鸟花、穗花婆婆纳、火炬花、花叶玉蝉花、萱草、火星花、宿根福禄考（天蓝绣球）、八宝景天

等。除了罗列出来的这些植物，大多数一二年生时令花卉也属于群花繁茂类，可以在花境的前景和中景中适当点缀。注意是"适当点缀"，一二年生时令花卉不建议在花境中大面积使用（如图1-46、图1-47）。

图1-46　金鸡菊

图1-47　矮生大滨菊

2.高茎类

高茎类植物是花境中的破晓之笔，尤其是一些具有长花序的高茎植物往往在花境中担当着视觉焦点的角色，如毛地黄、大花飞燕草、羽扇豆、千屈菜（高）、苋力花、假龙头（随意草）、蛇鞭菊、蜀葵、木贼、假蒿、迷迭香、柳叶星河、翠芦莉（高）、马利筋（高）、佩兰、高杆荷兰菊、蒲棒菊、大金光菊、北美腹水草、分药花、大花葱、百子莲、石蒜等（如图1-48、图1-49）。

图1-48　苋力花

图1-49　蜀葵

3.低矮匍匐类

低矮匍匐类植物在花境前景中常用于镶边或填充空隙，常见品种有筋骨草、姬岩垂草、头花蓼、金叶过路黄、花叶络石、金莎蔓、金叶甘薯、熊猫堇、佛甲草、中华景天、红花酢浆草、细叶美女樱、葱兰、丛生福禄考（芝樱）、藿香蓟、堆心菊、香雪球、白晶菊等。另外，低矮的一两年生草本花卉也可适当用于花境镶边或填充空隙（如图1-50、图1-51）。

图1-50　筋骨草

4.观赏草类

观赏草或柔美或粗放，具有斑驳滤镜般的光影效果和随风摇曳的动感野趣之态，是让花境增添野趣、回归自然的理想材料，同时也是与其他植物形成对比的极好元素，如芒草（'细叶'芒、'晨光'芒、'斑叶'芒、'花叶'芒）、蒲苇（高蒲苇、矮蒲苇、花叶蒲苇、金叶蒲苇）、狼尾草（'小兔子'狼尾草、'紫穗'狼尾草、'白美人'狼尾草、'非洲'狼尾草）、细茎针茅（墨西哥羽毛草）、拂子茅、

图1-51　姬岩垂草

柳枝稷、丽色画眉草、乱子草、金丝苔草、凤凰绿苔草、亚马逊苔草、蓝羊茅、蓝冰麦、坡地毛冠草（糖蜜草）、山菅兰、金叶石菖蒲、银纹沿阶草、金边阔叶麦冬等（如图1-52、图1-53）。

图1-52　金叶蒲苇

图1-53　矮蒲苇

5.阔叶类

　　阔叶类植物宽大的叶片能与其他植物材料形成质感的对比，使花境呈现主次分明的协调之美，如玉簪、矾根、大叶仙茅、大吴风草、鸟巢蕨、富贵蕨、海芋（滴水观音）、象耳芋、花叶良姜、美人蕉、朱蕉（澳洲朱蕉、七彩朱蕉、炫舞朱蕉）、亚麻（粉边亚麻、新西兰亚麻）、龙舌兰（金边龙舌兰、银边龙舌兰、美洲龙舌兰）、剑麻、丝兰等（如图1-54、图1-55）。

图1-54　玉簪

图1-55　矾根

6.花灌木类

花灌类植物在混合花境中是花境后景和花境骨架的主要材料，这类植物要求观赏价值较高，株型稳定不易疯长，如中华木绣球、欧洲木绣球、'无尽夏'绣球、圆锥绣球、贝拉安娜绣球、无敌贝拉安娜绣球、澳洲米花、红瑞木、锦带、大花六道木、醉鱼草、穗花牡荆、喷雪花、绣线菊、龟甲冬青球、蓝剑柏、香松、'新西兰'扁柏、亮晶女贞球、亮晶女贞锥、亮晶女贞棒棒糖、银姬小蜡、金姬小蜡、千层金球、皮球柏、先令冬青球等（如图1-56、图1-57）。

图1-56　贝拉安娜绣球

图1-57　醉鱼草

（三）按植株的立面形态分类

1.竖线条植物

在自然生长状态下，植株高度明显大于植株冠幅的植物。竖线条植物可以分为三类。

第一类竖线条植物具有植株耸直呈直线形的特点（如图1-58），大多数情况下不以观花为主，如假蒿、柳叶星河、迷迭香、木贼等。

第二类竖线条植物一般具有总状花序和穗状花序（如图1-59），开花繁

图1-58　植株耸直呈直线形的木贼

茂，往往能成为视觉的焦点，如毛地黄、大花飞燕草、羽扇豆、穗花婆婆纳、千屈菜、莨力花、假龙头（随意草）、蛇鞭菊、蜀葵等。

第三类竖线条植物具有剑形叶，植株形态挺拔呈线形（如图1-60），如鸢尾、火炬花、花叶玉蝉花、加州庭菖蒲、山菅兰、朱蕉、亚麻、龙舌兰等。

竖线条植物在品种繁多的花境植物中能形成较强的序列感，并形成错落有致的立面景观。竖线条植物由于外形的特殊性，可丛植于花境前景中，起到前后掩映的效果。如图1-61中的大麻叶泽兰属于竖线条植物，在这个花境作品中丛植于前景之中，形成了自然而错落的景观。

图1-59　具有总状花序的毛地黄

图1-60　具有剑形叶的加州庭菖蒲

图1-61　竖线条植物丛植于前景中形成自然而错落的景观

2.团状植物

团状植物株型丰满，开花密集而繁茂，开花时能形成水平方向的色块。这类植物一般具有伞房花序或头状花序，如八宝景天、绣线菊、金光菊、松果菊、天人菊、金鸡菊等（如图1-62）。

图1-62　形成水平方向色块的八宝景天

3.独特花头植物

这类植物一般具有伞形花序，花朵具有漂浮感，如百子莲、大花葱、紫娇花、蓝刺头等（如图1-63）。

4.羽毛型植物

羽毛型植物主要以具有柔软花序和飘逸姿态的观赏草为主（如图1-64），如细茎针茅（墨西哥羽毛草）、粉黛乱子草、狼尾草等，也包括部分枝条细软的宿根花卉（如图1-65），如山桃草、爆仗竹等。

图1-63　具有独特花头的蓝刺头

5.铺地植物

铺地植物在自然生长状态下，植株株型低矮或者呈匍匐状，如花境植物分类中提到的低矮匍匐类植物。这类植物在花境前景中常用于镶边或填充空

图1-64　具有飘逸姿态的细茎针茅

隙，如筋骨草、姬岩垂草、头花蓼、金叶过路黄、花叶络石、金莎蔓、金叶甘薯、熊猫堇、佛甲草、中华景天等（如图1-66）。

图1-65　枝条细软的爆仗竹

图1-66　低矮匍匐状的金莎蔓

由于花境在不断更新发展，花境植物会越来越丰富多彩，我们应根据不同的气候条件、花境类型和花境设计主题等合理选择花境植物。

第二章　花境设计

第一节 花境的主题设计

一、花境作品主题类型

花境作品的主题是花境作品的灵魂，作品主题应富有创意，并具有一定的时代性、文化性、可实现性、地域性和生态性，因此应根据地域的自然景观特点、人文特色、花境所处环境、花境的功能目的等确定设计主题。

首先，花境作品的"可实现性"是花境主题最本质的特征，也是最首要的特征。其次，一个花境作品既要遵循花境营建的一般规律，又要与周围环境融合，更要有基于地域的鲜明特色，因此"地域性"是花境主题最显著的特征。另外，花境是一个植物群落，要将人与自然和谐共生、尊重自然、顺应自然、保护自然的生态理念贯穿于作品始终，因此"生态性"是花境主题追求的崇高目标。

花境作品主题可有以下几种类型：时代主题、地域主题、人文主题、生态主题、植物文化主题、色彩主题、融入不同功能和不同环境的特殊主题等。其中时代主题、地域主题、人文主题常用于展示花境。

二、花境作品主题表达方式

随着花境的不断发展，花境作品主题的表达方式越来越多样化。花境始终是模拟自然界林地边缘多种野生花卉交错生长的状态而设计的花卉应用形式，因此花境作品的主题主要是通过植物语言来表达的，设计师主要通过植物的色彩、形态、质感等的搭配，在展示花境作品丰富季相景观的同时合理地表达花境主题。

非植物材料在花境主题表达中的地位也很明显，特别是在以短期观赏为目的的展示花境中，非植物材料的合理应用可以恰到好处地彰显设计师的设计理念及设计主题，成为花境作品的点睛之笔。图2-1的该花境作品是2021年成都大学生主题花境设计大赛在成都青龙湖湿地公园的落地作品，作品名为"锦色依然"，设计师将蜀锦文化、纺织文化、体育文化融合于两个一大一小的圆形镂空架构中，架构形式简单却不失内涵，让设计主题恰到好处地得到表现。又如图2-2，这是2024第三届河南省（南阳）园林绿化花境竞赛作品"花漾洛城"，作品中牡丹花造型融入设计理念，并成为视觉焦点。图2-3是2024年成都世界园艺博览会漫诗地展园的冬园，一只造型可爱的猫咪成了视觉焦点，为园区增添了些许生活情趣。虽然非植物材料在花境中常常成为花境的焦点，但切忌"喧宾夺主"，其不能成为花境作品主题表达的主要方式。

图2-1　2021年成都大学生主题花境设计大赛参赛作品

图2-2　河南省（南阳）园林绿化花境竞赛
作品"花漾洛城"

图2-3　2024年成都世界园艺博览会漫诗地展园

第二节　花境的空间设计

　　花境的空间布局是体现设计者设计理念的重要形式之一，同时也是体现花境实用功能的要素之一。花境的空间设计除了结合景观效果、实用功能，还要结合"以人为本"的设计理念，同时充分考虑植物的观赏特性和生长习性。如图2-4，粉黛乱子草花期的观赏效果极佳，会吸引观赏者前去拍照，但是粉黛乱子草是容

图2-4 由于缺乏空间设计，被严重踩踏的粉黛乱子草

图2-5 设计了游览路线的草甸花境

易倒伏的植物，设计者应该充分考虑这两个因素，对空间进行合理布局，既要有最佳的景观效果展示，也要考虑观赏者的需求。

在进行花境的空间设计时，要考虑花境景观的实用功能，如花境后期养护的便利性、观赏者的游览路线等。草甸花境一般面积较大，需要结合观赏者的行为习惯进行合理的空间布局。如图2-5，该草甸花境结合观赏者的游览需求，设计了合理的道路空间。

另外，花境空间要结合留白进行合理设计，因此花境的留白不能随意，一定要与花境的空间布局、实用功能和设计主题等相适应。如图2-6，花境的留白没与花境的空间设计有机地结合，使作品缺少了聚焦点。

图2-6 花境留白没有与花境的空间设计有机结合

第三节　花境的平面设计

一、花境的平面构图

花境是以自然式的花丛为基本单位构成的，同一品种的花丛一般遵循"三角形"或"品"字形原理进行构图。如图2-7中，具有黄绿相间花纹的3棵万年麻呈三角形的基本构图。

针对焦点植物的构图位置选择，我们可以遵循"黄金分割比例"（1∶0.618）原理，让焦点植物处于"黄金分割点"的位置，使其更具美学价值。假设有一块接近长方形的设计场所，我们可以将横向、纵向一分为二，较大部分与较小部分之比约为1∶0.618的点即"黄金分割点"。

试想花境设计场地是一块接近长方形的地形，如果我们严格按照1∶0.618进行焦点植物的构图是比较困难的，其实我们可以将设计场地横向、

图2-7　具有黄绿相间花纹的3棵万年麻呈三角形构图

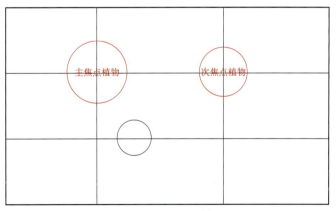

图2-8　主焦点植物与次焦点植物处于场地的三分之二处

纵向分为三等份，找到三分之二的点，纵横向三分之二交叉的位置与"黄金分割点"的比例相近，我们称之谓"远近三分之二"，当焦点植物处于"远近三分之二"处时与"黄金分割点"具有相似的艺术效果。如图2-8中，主焦点植物位于

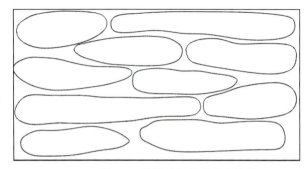

图2-9 花境的飘带式平面构图

图2-10 英国邱园的对应式花境采用了飘带式构图

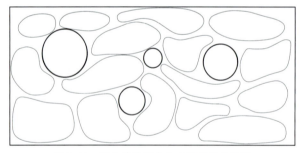

图2-11 混合花境的自由斑块式平面构图

图2-12 上海清涧公园的混合花境采用了自由斑块式构图

场地的左三分之二处，次焦点植物位于场地的右三分之二处，其他植物再与焦点植物呈三角形构图。

另外，根据各花丛的组合方式不同，可以将花境中各花丛的平面构图分为飘带式、自由斑块式和点阵式。

飘带式比较简单，是早期花境的常用形式，平面表达如图2-9，实景效果如图2-10。飘带式拉长了植物团块的形状，每个植物团块如"流带状"彼此衔接，相邻的植物团块紧密连接，植物边界呈生动的流线形，当其中一种植物枯萎或被修剪之后，相邻"流带"的植物会自然生长填充空隙。

自由斑块式是目前混合花境用得最多的一种形式，平面表达如图2-11，实景效果如图2-12。

点阵式是草甸花境和新自然主义花境的常用组合形式，平面图常以图例的形式来表达。如图2-13是两米见方大小，以图例的形式来表达的点阵式草甸花境的平面图。又如图2-14是位于成都凤凰山体育公园的草甸花境实景图，采用了点阵式构图。同一个花境作品也可以采用多种形式的平面构图进行组合，如图2-15中观赏草采用了点阵式，而其他宿根花卉采用了自由斑块式。

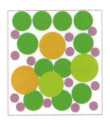

- 鸢尾（蓝蝴蝶）
- 惠花婆婆纳
- 常绿大戟
- 细茎针茅

图2-13 草甸花境的点阵式平面构图

图2-14 点阵式构图的草甸花境

图2-15 点阵式与自由斑块式结合的花境

二、花境的林缘线设计

一般情况下，花境的林缘线可以是规则式直线，也可以是自然的曲线，直线要求平而直，曲线则要求自然流畅。特别是当花境与草坪结合时，要求具有流畅的林缘线，如图2-16中的花境具有大方流畅的林缘线。图2-17是上海世纪公园

图2-16 具有流畅林缘线的花境

图2-17　不够流畅的花境林缘线（上海世纪公园）

图2-18　调整之后流畅的花境林缘线（上海世纪公园）

图2-19　使用常绿植物进行花境边缘设计填补了冬季的景观空缺

内的花境，林缘线不够流畅，调整之后如图2-18。

花境边缘可用镶边植物或卵石等装饰，但要求美观自然。花境的边缘是离观赏者最近的，为保证景观节点在不同季节的观赏效果，常采用常绿植物进行边缘设计。如图2-19，花境边缘使用常绿的金叶石菖蒲和凤凰绿苔草进行镶边，即使主调植物在冬季休眠，花境景观效果也不会太差。如图2-20的花境，使用冬季休眠的'小兔子'狼尾草进行镶边，导致冬季景观萧条。

另外，花境边缘宜选用不易倒伏的常绿植物。如图2-21中羽毛型的山桃草在生长期占用了道路空间，而休眠期修剪后裸露土壤影响景观效果（如图2-22）。

三、花境的尺度设计

花境的尺寸没有严格的要求，根据花境类型、场地和景观需求不同，可大可小，有时可以小到几个平米，有时可以大到几百上千个平米。设计师要根据设计场地，因地制宜，考虑背景的高低、与道路的宽窄比例等进行综合设计。草甸花境一般面积较大，对宽度没有限制。但对于带状的花境场地，不宜过窄也不宜过宽，特别是混合花境，当有灌木层时要求花境有一定的宽度，才能营造出层次丰富的立面效果。如图2-23是上海世纪公园的花境，由于这个带状花境的宽度不够，为了增加层次，于2023年2月调整了花境的宽度，图2-24是2023年6月调整宽度之后加入了宿根花卉层的效果。

图2-20　使用冬季休眠的植物进行花境边缘设计导致冬季景观萧条

图2-21　山桃草生长期倒伏占用道路空间

图2-22　山桃草休眠期修剪后影响景观效果

同时带状花境也不能过宽，一般建议不超过6 m。宽度超过6 m的花境一方面养护操作不方便，另一方面花境植物离观赏者太远，达不到最佳观赏效果。对

图2-23　正在调整宽度的混合花境

图2-24　调整宽度之后的混合花境层次更丰富

于过宽的花境可以结合空间布局，设计道路空间让花境离观赏者更近，更利于欣赏。

花境的长度没有限制，但对于过长的花境，可设计成2~3个单元交替演进，每段长度以不超过20 m为宜，段与段间可设置1~3 m的间歇地段，间歇地段设座椅或其他园林小品，但也可以根据景观需要不分段，设计成连续不断的景观。

第四节　花境的立面设计

一、花境植物的株型及其变化

总体上是单面观的花境前低后高，双面观的花境中央高、两边低，但整个花境中前后应有适当的高低穿插和掩映，才可形成错落有致、自然丰富的景观效果。立面设计时注意花灌木类、高茎类、群花繁茂类、低矮匍地类、阔叶类花境植物的合理搭配，使花境立面呈现出层次分明、错落有致、虚实相间、上轻下重、上散下聚的效果。

二、林冠线及立面层次

一般而言，混合花境常使用适量的小乔木和灌木作为花境的骨架，从而形成优美的林冠线。如图2-25是上海白莲泾公园的混合花境，这个混合花境的骨架植物形成了高低错落的立面层次，并且有形态、质感和色彩的对比，显得疏朗透气。如图2-26中的混合花境球型植物体量和数量都过大，形态和质感的对比不够，也没有形成优美的林冠线，显得厚重且没有灵气。

　　有型的骨架植物能撑起整个花境的立面空间，因此，要想形成优美的林冠线，通常是以长势慢、耐修剪、可控性强、株型漂亮或质感细腻的小乔木、花灌木或高大的观赏草等作为骨架植物，在竖向上起支撑作用。若使用的骨架植物长势太快或株型散漫会影响立面效果。如图2-27中的花境，由于骨架植物没有明显的形态和质感的对比，缺少立面层次。

图2-25　骨架植物形成了高低错落的立面层次

图2-26　球型骨架植物过多使立面层次单调

图2-27　骨架植物没有明显的形态和
　　　　质感对比，缺少立面层次

　　另外，草甸花境也需要应用宿根花卉或观赏草形成疏密有致、掩映成趣的自然立面，如图2-28和图2-29的对比展示。

图2-28　具有立面层次的草甸花境

图2-29　立面缺少层次的草甸花境

第五节　花境的色彩设计

一、色彩的基本理论

关于色彩的理论知识此处主要讲讲色轮。色轮是一个简单却非常实用的工具，它能帮助我们把握最基本的色彩关系。我们在自然界中看到的彩虹的颜色就是一种按固定顺序线性排列的光谱，当我们把这个线性排列的光谱弯折成一个圆环时，就形成了一个色轮（如图2-30）。

用粗实线表现的红、黄、蓝三色称为"三原色"，这3种颜色是所有色彩的

"原料"。这3种原色两两混合，就产生了3种"间色"：橙色、绿色和紫色，如图2-30中用虚线表现的3个区域，每种间色在色轮上位于组成它的两种原色之间，这样由"三原色"和"三间色"就构成了我们在彩虹中看到的6种主要颜色：红、橙、黄、绿、蓝、紫。在这个色轮中，还有6种颜色，如图2-30中由粗实线和虚线一起表现的区域，它们是由原色和间色混合组成的过渡色，被称为第三级色（也称"复色"），分别是：橙黄、

图2-30　由光谱组成的色轮

橙红、紫红、蓝紫、蓝绿、黄绿。在这个色轮中，相邻且相近的色彩被称为"近似色"，把这些色彩放在一起可以产生和谐的整体感，因此也被称为"和谐色"。在这个色轮中，相对的色彩被称为"对比色"，把这些色彩放在一起可以产生强烈的对比效果，也被称为"互补色"。在色轮中以橙色为中心的一半称为暖色调，以蓝色为中心的一半称为冷色调。为便于理解，将色轮总结如下。

三原色：红、黄、蓝。

三间色（由三原色两两混合产生）：橙、绿、紫。

六复色（由三原色和三间色混合产生）：橙黄、橙红、紫红、蓝紫、蓝绿、黄绿。

暖色调：黄、橙黄、橙、橙红、红、紫红。

冷色调：紫、蓝紫、蓝、蓝绿、绿、黄绿。

我们发现更加复杂的混合色没有在这个色轮里，如粉色、棕色等，这些更复杂的颜色跟明度、暗度和灰度等因素有关。在色轮中加入白色会调整色彩的明度，形成比较浅的色彩，如浅黄、淡紫、粉红等。在色轮中加入黑色会调整色彩的暗度，形成比较深的色彩，如深红、深紫、棕色等。在色轮中加入灰色会调整色彩的灰度，产生灰绿色、灰红色等。这样，自然界中的色彩就丰富多彩了。

二、花境色彩搭配技巧

在生活中，人们赋予了色彩意义，可以用色彩来表达自己的情绪和感觉，久而久之色彩也就成了一种语言符号，它具有自己的性格和象征意义，会引起人们的各种视觉心理、情感联想等。色彩对设计师而言是表达设计理念的重要"工具"。花境的色彩搭配有以下几点建议。

（一）近似色搭配最能够营造和谐统一的景象

采用色轮上相邻近似色搭配是设计师常用的色彩搭配方案。如黄色、橙黄色、橙色、橙红色的搭配，给人一种秋季丰收的繁荣景象，或旭日东升的景象，或夕阳西下余烬般闪闪发光的景象。如图2-31使用金黄色的向日葵、堆心菊和橙红色的马利筋、火炬花等搭配，营造了秋日暖阳的效果。又如图2-32使用红色的爆杖花、松果菊和橙红色的马樱丹等营造出一种热情似火的氛围。又如图2-33蓝色、蓝绿色、绿色、黄绿色的搭配，给人一种静谧、清爽的感觉。甚至可以用同一种颜色的不同深浅层次来营造和谐的氛围。值得注意的是，当使用单色系进行搭配时，色彩的明暗度、植物的形态、肌理的多样性尤为重要，一定要合理搭配不同明暗度、形态的植物，这能弥补色彩上的单一。如图2-34搭配不同形态和质感的鹤望兰、富贵蕨、大吴风草、鸟巢蕨、熊猫堇、翠云草等，打造

图2-31　橙黄色主题花境

图2-32　红色主题花境

图2-33　蓝绿色主题花境

出治愈系森系风，在夏日给人一种清爽的感觉。

（二）巧用色彩的明暗对比营造既对立又互补的色彩意趣

明暗度是用来表现色彩明亮程度的，每种色彩都有自己的明暗调性。如紫色、蓝色是暗调，黄色、白色是明调。在规划色彩的过程中，明暗度对比要比色相对比的影响力更大。

图2-34　绿色主题花境

我们以色轮举例，色轮上有一对较特殊的互补色，即紫色与黄色。当把这对色彩的植物配置在一起时，人们首先感受到的是一明一暗的差异，然后才感受到它们之间的色相对比，并且这种明暗对比可以令对方的色相更加舒适，明亮的黄色令暗沉的紫色更加清新亮丽，暗沉的紫色令明亮的黄色更加低调脱俗，它们之间呈现出既对立又互补的哲学关系。

图2-35　明亮的黄色与暗调的蓝色搭配

在花境的色彩搭配时常常用暗调的紫色、蓝色与明调的黄色、白色搭配，特别是在蓝紫色比重较大时，加入明亮的黄色或白色可以起到立竿见影的效果。如图2-35中，明亮的金光菊与暗调的穗花婆婆纳搭配，明亮又不失稳重。又如图2-36中，紫色的柳叶马鞭草以白色墙面作为背景，让紫色显得更

图2-36　以白色墙面为背景的柳叶马鞭草更亮丽

图2-37　黄色植物比例过大

图2-38　白色的大滨菊比例过大

加明亮，同样的道理，暗调的紫色搭配明调的白色也有同样的效果。

在自由斑块式的花境中，明度较高的黄色和白色花丛面积不宜过大。如图2-37中，黄色的金鸡菊和蒲棒菊过于明亮，由于没有明暗对比显得单调乏味。又如图2-38中，白色大滨菊的团块比例过大，若适当增加明度较低的蓝色植物，效果会更好。同时，明度太高的两种颜色不建议作为主色调进行搭配。如图2-39中，同是明调的白色大滨菊

图2-39　同是明调的白色大滨菊和黄色金鸡菊搭配

和黄色金鸡菊搭配，显得色彩的质感对比不够。

（三）巧用冷暖色搭配拓展花境空间

在色轮中，以橙色为中心的的一半称为暖色调，以蓝色为中心的一半称为冷色调。当冷暖色并排而立时，由于暖色的饱和度比冷色的饱和度高，暖色看上去体量更大，感觉离我们更近，而冷色看上去体量更小，感觉离我们更远。因此，我们可以根据空间的大小和实际需要，利用冷暖色搭配来拓展或缩小空间。如在狭小的空间，往往以冷色调为主色调来营造，使之有空间扩大感。如图2-40以大滨菊、绣线菊、柳叶星河、绵毛水苏等营造了一个有空间扩大感的冷色调花境。又如在花境作品的近端搭配饱和度较高的暖色系植物，远端搭配冷色系植物，在视觉上花境作品的进深增加了，也在无形中拓展了花境的空间。如图2-41中，近端搭配高饱和度的凤仙花，远端搭配低饱和度植物，这个花境好像被拉长了。

（四）以较少的色彩进行简单的重复产生韵律感

图2-42中，以蓝色的四月夜鼠尾草和粉色的红花酢浆草为主进行简单的重复，营造了有序且自然的植物景观。图2-43中，使用色彩数量过多，产生了一种杂乱且呆板的感觉。

图2-40　冷色调花境的空间扩大感

图2-41　近端暖色调植物与远端冷色调植物的搭配拉长了花境空间

图2-42　色彩的简单重复产生韵律感

（五）采用低饱和度的自然色块营造自然雅致的景观

饱和度指的是色彩的纯正度，纯正度越高饱和度越强，色彩强度越大。低饱和度色彩的纯正度和强度都低，如高饱和度的红色被白色"稀释"就变成低饱和度的粉色，被黑色"蒙暗"就变成低饱和度的暗红色。如图 2-44 和图 2-45 对比，图 2-44 中的植物以低饱和度的粉色、白色、淡蓝色为主，且每个色块呈自然斑块状，营造了自然雅致的景观。图 2-45 中的植物以高饱和度色彩为主，且呈规则的团块状，呈现的景观极不自然。另外，在花境作品中，谨慎突然使用高饱和度的大色块，如图 2-46 中高饱和度的彩叶草在此处显得突兀且不自然。

图2-43 色彩太多产生杂乱且呆板的感觉

图2-44 低饱和度的自然色块营造自然雅致的景观

图2-45 高饱和度的规则色块营造的景观

（六）使用无彩色搭配出高级感

无彩色系主要包括黑色、白色及由黑白两色相互调和而成的各种深浅不同的灰色系列。无彩色系主要靠明度的变化来呈现梯度和层次，越接近白色，明度越高，越接近黑色，明度越低。无彩色系按照一定的变化规律，由白色渐变到浅灰、中灰、深灰等。在花境的色彩设计时，加入无彩色如银色、银灰、银绿、银蓝等的植物能呈现出高级感。如图2-47，这个花境作品以柳叶星河、棉毛水苏、银叶鼠尾草、白花硫璃菊、澳洲迷迭香、星光草（白鹭莞）、银叶婆婆纳、蓝花莸'纯银'、加勒比飞蓬等银灰色植物为主，营造出清新脱俗的银色调花境。又如图2-48中，银灰色的光亮蓝蓟搭配浅粉色的月季和松果菊，也呈现出高级感。

图2-46　高饱和度的彩叶草在此处显得突兀且不自然

图2-47　银色调花境

图2-48　银灰色与粉色搭配的高级感

（七）花境的色彩设计应充分考虑背景的色彩

花境的主题色彩受多种因素的制约，除了周围环境、设计理念等因素外，还受到背景色的影响。这里的背景包括立面背景和平面背景，平面背景主要指以覆

图2-49　花境色彩与背景的对比

图2-50　花境色彩与覆盖物的对比

盖物为背景的地面层。如图2-49，这个单面观赏花境的立面背景为红色，花境采用了绿色系主题。图2-50中这个岩石园花境的平面背景为红砂岩和红色的火山岩碎石覆盖物，作品的植物主色调采用了蓝绿色。这两个案例都充分考虑了背景的色彩，让花境既融入环境又凸显了花境自身的特色。

第六节　花境的植物设计

一、花境植物的配置方式及结构层次

花境植物的配置方式和结构层次从某种意义上讲没有固定的标准和模式，设计师要遵循的就是尊重自然、顺应自然、保护自然的原则，再兼顾花境美观、长效和易维护的特质。为了让初学者更容易理解不同类型花境的植物搭配规律，笔者将花境植物的配置方式分为团块组合式、草甸式和新自然主义配置方式。

（一）团块组合式

团块组合式是将花境植物以大小不一的自然式团块为单位，进行错落有致的搭配，讲究立面层次的变化，适合用于面积不大且适宜近距离欣赏的区域。一般将团块组合式花境的植物划分为骨架植物、主调植物和填充植物，如图2-51。骨架植物、主调植物和填充植物是一个相对的概念，相同的植物在不同的花境作品中可以担当不同的角色。

图2-51 团块组合式花境的植物结构

（1）骨架植物

骨架植物在花境营造中，在立面上起到结构性、框架性作用，主要构成花境的纵向结构。通常是以长势慢、可控性强、株型漂亮或质感细腻的小乔木、花灌木为主，有时也可以用高大的宿根花卉或观赏草等作为骨架植物。其一般用于花境的后景和中景位置。

（2）主调植物

主调植物在花境中是呈现主要色彩、主题风格的植物。主调植物通常以颜色、株型、质感等有较高观赏价值的宿根花卉、观赏草或低矮的花灌木为主，在花境色彩上起到主导作用。主调植物一般在某个季节有一定特殊性和主调性，可当作伏笔应用，丰富花境的季相景观。主调植物一般形态挺拔，在花境中能形成强烈对比、打破单调立面效果、形成视觉焦点的植物，常作为骨架植物和填充植物的过渡。

（3）填充植物

填充植物在花境中作为前景或作为植物组团过渡或作为空隙填充，为增加植物群落层次的低矮植物。通常以株型较低矮或蔓生的宿根花卉为主，同时可以一两年生时令花卉为辅。

植物景观会随着植物的生长不断变化，因此骨架植物、主调植物和填充植物在同一个花境作品中也是相对的。花境中使用的观赏草是比较特殊的，如图2-52，'细叶'芒在春季作为填充植物出现，而在秋冬季成了花境的骨架植物。设计师要充分了解植物的生长规律，让花境植物在不同的季节展示它不同的美。

（二）草甸式

草甸式以色彩和质感不同的宿根花卉为主，通过点植与小团块结合，并以少量素色的观赏草或低矮的宿根花卉填充，模拟高山草甸或草原的自然景观，形成如同油画般绚丽的植物景观，适合用于面积较大的区域。一般可将草甸式花境的

图2-52　冬季观赏草成为花境的骨架植物

植物分为结构植物和填充植物（如图2-53）。结构植物和填充植物是一个相对的概念，相同的植物在同一个花境作品中，根据不同的季相表现，可以在结构植物和填充植物之间转换（如图2-54）。该草甸花境中当春季鸢尾开花时，鸢尾是结构植物，粉黛乱子草是填充植物；当秋季粉黛乱子草开花时，粉黛乱子草是结构植物，而鸢尾则担当了填充植物的角色。另外，相同的植物在不同的花境作品中也可以担当不同的角色。总之，草甸花境是随着季节更替，不断发生色彩和季相变化的景观，其尽显了植物自然之美。

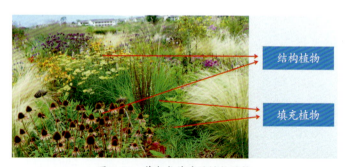

图2-53　草甸式花境的植物结构

（1）结构植物

一般采用花序独特或枝叶挺立、观赏效果好、季相形体变化较大的多年生宿根花卉作为结构植物。

图2-54　草甸花境的结构植物与填充植物是相对的

（2）填充植物

一般采用株型稳定、不易扩散、枝叶柔软且覆盖性好的素色植物为填充植物。草甸花境中的填充植物以能填补结构植物的季节性空缺为佳。

（三）新自然主义配置方式

新自然主义配置方式是基于生态学原理，以草本为主，以小乔木或灌木为辅，以拟自然化的形式组合，应用花境的营造手法形成自然、稳定的植物群落的设计方法。植物选用具有低维护特性的乔木、灌木、草木。本方式主要用于模拟自然的生态群落，营造自然界中原生生境的植物群落景观。一般将新自然主义配置方式的花境植物分为乔灌层植物和草甸层植物（如图2-55）。

二、花境植物的配置技巧

花境景观的特殊性决定了它与传统园林植物景观的配置手法是有区别的。笔者将花境植物的配置技巧总结为：重复、对比、聚焦。

（一）重复

重复是花境营造时最常用的手法之一，花境植物的重复搭配可以产生协调、统一和韵律之美。重复手法可以是单一品种的重复、同一个植物组团的重复，也可以是相似植物组团的重复、两个差异较大的植物组团的交替重复，不管是哪种方式的重复，都可产生韵律感和序列感。如图2-56中'小兔子'狼尾草和月季的简单重复，产生了色彩、形态和质感的韵律之美。

图2-55　新自然主义配置方式的植物结构

（二）对比

花境为了丰富季相景观，形成此起彼伏、次第开花的景观效果，往往采用种

图2-56　'小兔子'狼尾草和月季的重复

图2-57 直立性强的金叶蒲苇和矮蒲苇与其他植物形成了鲜明的形态对比

图2-58 羽毛型植物搭配太多而缺少形态对比

类繁多的花境植物，设计师应巧用花境植物，利用形态、色彩、质感和虚实的对比，在凌乱中展现出秩序美，形成杂而不乱、乱中有序的自然植物群落。

（1）形态对比

花境植物的形态在第一章进行了具体分类，主要有竖线条植物、团状植物、独特花头植物、羽毛型植物和铺地植物，设计师要善于利用不同形态的植物进行对比搭配。同样是观赏草，植株形态也会有所不同。如图2-57，直立性强的金叶蒲苇和矮蒲苇与其他羽毛型植物相比属于竖线条植物，其形态与其他观赏草形成了鲜明的对比，同时营造了错落有致的立面层次；但图2-58应用了太多羽毛型植物，植株形态没有进行对比搭配，景观效果形神皆散。

（2）色彩对比

色彩对比可以是同色系之间不同深浅层次的柔和对比，也可以是对比色之间的鲜明对比，总之设计师要根据花境主题和人的色彩心理进行合理搭配。

（3）质感对比

所谓质感，是指物体表面的质地作用于人的视觉而产生的心理反应。植物的质感，就是植物表面质地的粗细程度在视觉上的直观感受，它受到植物叶片与花朵的大小和形状，枝条的长短和疏密及枝干和叶片的纹理等因素的影响。叶片较大、枝干疏松而粗壮、叶表面粗糙多毛、叶缘不规整、冠型较疏散者质感较粗，

图2-59　质感相似的球形灌木使景观协调但显得过于单调

具有小而细密的叶片和紧凑密集的枝条的植物质感较细。因此可将植物的质感分为粗质型、中质型和细质型三类。

空间大小不同，不同质感植物所占的比重也应不同。大空间设计时，粗质型植物可居多，这样空间会因粗质型植物显得更充实；小空间细质型植物应居多，这样空间会因细腻整洁的质感而使人感到雅致而愉快。由于花境常常处于小空间，为了避免过于局促，选用木本层植物时常选用质感细腻的木本植物。

在配植草本层花境植物时，可以依托于植物质感的异同而达到或融于其中，或显于其外的景观效果。一般有如下三种情况：一是同一质感的植物配植易达到整洁和统一，质感上也易调和，但有时会显得过于单调，如图2-59中质感相似的球形灌木景观是协调的，但景观层次显得过于单调；二是相似质感搭配，既有明显的不同，又有某些共性，这样的搭配比同一质感的搭配更丰富，由于质感相似，也容易取得协调，使人感觉舒适和情绪稳定；三是在花境植物搭配时往往会使用不同质感的对比搭配，使各种花境植物的优点相得益彰，达到突出的效果，

如图2-60，不同质感、形态和色彩的植物的对比搭配，让景观层次丰富的同时也尽显了每种植物的个体之美。

质感比较粗糙的草本植物同样具有较强的视觉冲击性，往往可以成为景观中的视觉焦点，在空间上会有一种靠近观赏者的趋向性，如

图2-60　不同质感、形态和色彩的对比搭配尽显植物个体之美

图2-61 宽大叶片的黑魔法芋成为焦点植物

图2-62 应用细茎针茅虚化背景

图2-63 应用细茎针茅虚化植物组团之间的边界

图2-61中，宽大叶片的黑魔法芋与质感细腻的背景植物和铺地植物在质感、色彩上形成了鲜明对比，成为注目的焦点。在重要的景观节点可选用粗质感的植物作为焦点突出。

（4）虚实对比

虚实对比常常用于摄影技术，主要是利用光学镜头的造型特性，控制光学镜头的景深范围，使画面有虚有实，一般是主体实、背景虚，进而达到凸显主体的目的。在配置花境植物时，我们可以应用虚实对比的手法，将主体植物的背景虚化，或将主体植物的边界虚化，让花境作品更具有艺术性。根据花境植物质感、形态和色彩的不同，可以将花境植物分为虚实两大类。一般而言，植株挺拔、开花繁茂、色彩鲜明的花境植物属于"实"景。枝叶柔软细腻、花序婆娑、色彩素雅、具有光影效果的花境植物属

于"虚"景，如观赏草就属于典型的"虚"景植物。如图2-62，利用枝叶柔软细腻的细茎针茅"虚化"了背景，让具有红色花序的抱茎蓼凸显，成了视觉焦点。又如图2-63，利用枝叶柔软细腻的细茎针茅"虚化"了各植物组团之间的边界，产生了一种油画般的光影效果。在图2-64中，植物组团之间没有形成虚实对比，

组团之间显得较生硬，景观效果缺少了艺术性。

（三）聚焦

这里的聚焦是指人的视线、注意力等集中于某处。花境作品中看第一眼就能吸引到人的地方，可以是植物、雕塑、景观小品等。就花境植物搭配而言，某些花境植物具有特殊的形态、质感、色彩，

图2-64　植物组团之间缺少虚实对比而显得较生硬

能够成为众人瞩目的对象而起到聚焦的作用，从而使品种繁多的花境作品呈现井然有序的效果。

聚焦的手法有多种，可以通过单株植物的特殊形态、质感、色彩等聚焦，或通过植物组团来聚焦，也可以通过植物与景观小品的组合来聚焦。应用植物的特殊形态来聚焦是最常用的手法，如图2-65中，亚麻和龙舌兰具有特殊的形态和质感，已然成为该花境作品的焦点。图2-66中，虽然植物品种丰富，但整个作品没有聚焦的点，显得没有神韵。

另外，设计师要充分应用植物的色彩来聚焦，因为，在色彩产生对比之后，视线会自然聚焦在其中一个颜色之上，这个颜色就是聚焦色，有意识地安排色彩聚焦是完成花境作品"主题表达"的重要手段。

图2-65　具有特殊形态的亚麻和龙舌兰成为
花境作品的焦点

图2-66　缺少聚焦点的花境作品

第七节　花境的季相设计

一、植物的季相及其变化

季相是指植物在一年中因四季变化而发生的以形态和色彩为主的观赏特征的周期性变化。花境作为一种重要且特殊的植物造景形式，与传统的植物景观相比具有植物品种多样、季相景观多变的特征。花境受到大众喜欢的原因之一就是它能通过合理的植物搭配在春、夏、秋、冬的四季轮回里不断给观赏者带来变化和惊喜。

花境植物是有生命的不断生长变化的个体，作为设计师要清楚地认识到，大多数花境植物特别是宿根花卉除了开花时的绚烂多姿，其他时间是平凡而不起眼甚至是毫无观赏性的，比起关注植物的最佳观赏期，植物花后的状态反而是更值得设计师关注。只有充分了解了植物在各个时期的状态，并且掌握植物花后修剪等养护技术，才能通过合理搭配不同花期的植物，呈现出被大众接受的"三季有花、四季有景"的花境作品。图2-67中的花境，春季有毛地黄开花时山花烂漫的即时效果，夏初也有开花的柳叶马鞭草营造的紫色浪漫（如图2-68），但夏末的时候就已经显得有些萧条了（如图2-69）。这个花境的问题出在哪里呢？首先太强调某个季节的即时效果，将春季开花的毛地黄和夏初开花的柳叶马鞭草进行了简单的重复。重复本来是花境营造的常用手法，这是可行

图2-67　春季的毛地黄

图2-68　初夏季的柳叶马鞭草

的，但是植物品种和花期太单一，再加上养护没跟上，对花后的柳叶马鞭草没有进行及时地修剪复花，植物景观缺少了季节的连续性，到了夏秋就基本没有出彩的植物景观了。这个花境有地形的优势，因此立面层次是丰富的。

图2-69　夏末的植物景观缺乏了主题色彩

我们为多年生宿根植物的开花而欣喜，同时也要欣然接受它的凋零，因为这不是生命的结束，而是下一个周期生命的开始。如图2-70是粉黛乱子草在冬季枯萎被修剪之后的样子，只有接受它此时的样子才能欣赏到它来年花开时的美丽（如图2-71）。另外，我们要欣赏植物的生命凋零之美，并将它充分应用于花境的季相设计，可营造出意想不到的艺术效果。如图2-72是园艺大师彼得·奥道夫（Piet Oudolf）花园里冬季枯萎的花境植物，它们在寒冷的冬季被保留了最后的样子，这些植物看起来有些悲凉，但是依然有种平静的力量，它们就那样稀疏而又醒目地站立着，让我们感知到最真实的四季变化和最自然的植物枯荣。彼得·奥道夫曾说：或许我们不必费尽心思地"装饰自然"，不必刻意逃避花的凋零、树的枯萎，因为最本真的自然变化就有一种惊心动魄的美。

图2-70　冬季被修剪之后的粉黛乱子草

图2-71　秋季开花的粉黛乱子草

图2-72　冬季枯萎的花境植物被保留了最后的样子

二、花境季相设计理念

在花境的季相设计时，让花境植物展示次第开放的美丽固然重要，但真正考验一个花境作品的是当它调零时是否依然优雅。季相设计应遵循花境植物本身的生长发育规律，懂得尊重自然、顺应自然、保护自然，明白人与自然的和谐共生，是中华民族生命之根，是中华文明发展之源。将"天人合一""道法自然"的设计理念应用于花境的季相设计，可营造出人与自然和谐相处的花境作品。

三、不同类型花境的季相表现及季相设计方法

（一）宿根花卉花境

宿根花卉花境具有植物种类多，形态质感丰富，花期此起彼伏，富于季相变化等优点，因此宿根花卉花境一直是花境界追求的主流形式。多数宿根花卉的主要观赏季节集中在春夏季，冬季景观较萧条。如何做才能使宿根花卉花境至少展现春、夏、秋三季此起彼伏的景观效果呢？

将不同质感、不同形态、不同季节开花的植物分散布置在整个花境之中，保证花开此起彼伏。图2-73和图2-74是同一个宿根花卉花境在不同季节的表现，图2-73是春季景观，此时花境的主题以金色的

图2-73　宿根花卉花境春季景观

金槌花为主，火炬花和月季为辅；图2-74是夏季景观，此时花境的主题以'小兔子'狼尾草为主，火炬花和月季为辅。

针对宿根花卉花境冬季景观较萧条的特点，设计师要考虑植物在冬季调零之后的冬态景观及宿根花卉第二年的复花复叶情况。在具体植物搭配时，花后景观表现差的植物面积宜小些，可在其前方配置其他花卉予以遮挡。

将同一个季节开花的主花材植物在花境中进行有韵律、有节奏地重复，使景观具有延续性。如图2-75中松果菊作为主花材丛植分布于花境之中，而图2-76中同样是松果菊，却作为大团块集中布置在花境中一个位置，没能形成连续的景观。

（二）球根花卉花境

球根花卉的优点是修长的花梗具有高挑的气质，立面效果好，以秋植球根花卉为主的花境的花期主要集中

图2-74　宿根花卉花境夏季景观

图2-75　将主花材丛植分布于花境之中

图2-76　主花材作为大团块布置在花境之中没能形成连续的景观

在早春和初夏，正好弥补了其他花卉植物还处于休眠期的缺点。因为球根花卉的花期普遍较短，所以休眠期植株枯黄较快。以大花葱为例，其花朵颜值极高，但花期叶片就开始枯黄，下层叶丛景观较差（如图2-77），大花葱开花后的球状花序虽然具有一定的观赏价值，但此时的叶片已完全枯黄，即便养护到位，修剪叶

图2-77 花期中的大花葱

图2-78 花后被修剪叶片的大花葱

图2-79 大花葱与德国鸢尾的搭配

片之后也影响景观效果（如图2-78）。由此可见，怎样延长球根花卉花境的观赏期是季相设计的重点。在实践应用时，将球根花卉与观赏草结合造景是比较成功的案例，如大花葱可与细茎针茅等覆盖性较好的观赏草组合，当早春细茎针茅还处于休眠状态时，大花葱已经开始生长，而当大花葱下层叶丛景观较差时，柔软的细茎针茅正好覆盖了下层叶片，让梦幻的紫色球球漂浮于细软的草毯之上。另外，球根花卉花境可以考虑将不同种类和形态的球根花卉进行取长补短的搭配，如图2-79将大花葱与德国鸢尾进行搭配，花后郁郁葱葱的德国鸢尾正好掩盖了大花葱基部枯黄的叶片。

（三）观赏草花境

观赏草具有梦幻迷离的质感和颜色，光影摇曳、妩媚动人。其野趣之态、自由肆意之姿，正好符合了现代都市人渴望自由、释放压力、回归自然的心理需求，因此观赏草花境越来越受到青睐。由于观赏草冬季枯萎，春季发芽较晚，冬春季景观效果较差，因此，观赏草花境的季相设计重点是解决冬春季景观效果的问题。

虽然大多数观赏草冬季枯萎，但由于其具有特殊质感的花序，往往能在冬季营造出极具意境的景观，设计师应充分应用观赏草的这个特点来丰富花境的冬季景观。如图2-80，冬季的失羽芒虽然没有一丝绿意，但其特殊的质感和颜色，营造了一种梦幻迷离的效果。当然，不是所有的观赏草在冬季都具有观赏性，如图2-81某商业中心门口片植了大片的糖蜜草，冬季修剪之后显得有些空旷，在这样重要的景观节点区域，其实可以根据景观需要，套种冬春开花的草本植物，填补观赏草冬春季节的景观空缺期。如图2-82，冬季修剪之后的观赏草空隙套种了冬春开花的虞美人，这样就丰富了冬季的季相景观。

（四）草甸花境

草甸花境主要以色彩和质感不同的宿根花卉为主，通过点植与小团块结合，并搭配少量素色的观赏草，模拟高山草甸或草原的自然景观。单个品种的草本植物往往花期较短，而将多种不同花期的草本植物进行合理的搭配，可以依次展示各种植物的开花效果。草甸花境的季相设计重点在于，通过多种植物不同的形态、质感和色彩的搭配，让花开花谢可自然更替，让草甸花境具有丰富多彩的季相景观，从而达到自然美观、长效且易维护的目的。

由于草甸花境是以宿根花卉为主进行营造的，因此季相更替明显，在进行植物团块比例的搭配时要充分考虑这个因素，条件允许的地区可以考虑常绿植物与

图2-80　冬季的失羽芒

图2-81　某商业中心门口冬季修剪之后的糖蜜草

图2-82　冬季修剪之后的观赏草空隙
套种了冬春开花的虞美人

图2-83 以冬季常绿的植物作为基底的草甸花境

图2-84 春末夏初的草甸花境

宿根植物的搭配。如图2-83的草甸花境使用了在西南地区冬季常绿的金莎蔓和金叶过路黄作为基底植物，虽然植物种类应用得并不多，但在一定程度上保证了冬季的景观效果。条件不具备的地区要充分考虑植物冬季的景观性，尽量做到野趣自然。如图2-84和图2-85是同一个草甸花境在春季和冬季的景观表现，从图2-85可以看出，以点植为主的'细叶'芒在冬季景观中起到了点睛之笔的作用。

（五）灌木花境

灌木花境是以体量较小、质感较细、株型容易控制的灌木为主组成的。其优点在于结构稳定、维护简单，缺点在于季相景观缺少变化。常用于灌木花境的植物种类比起其他花境类型来说少得多，因此灌木花境的季相设计比较简单，主要考虑各灌木之间质感、形态和色彩的对比搭配。如图2-86，该灌木花境使用的灌木种类虽不多，但选用了质感较细且

图2-85 冬季的草甸花境

株型容易控制的灌木，色彩上采用了深绿色、浅绿色和柠檬黄的同色系搭配，与背景建筑的风格是相协调的。图2-87所示的灌木花境，选用了株型比较散乱的植物种类，且植株之间缺少了形态、质感和色彩的对比，显得不够精致。另外，由于灌木花境有景观稳定、维护简单的优点，被广泛应用于地产花境和市政花境中，在特殊地段为了增加花境的即时效果，常应用时令花卉与灌木花境搭配造景。如图2-88是2024年成都世界园艺博览会成都农业科技职业学院展园的灌木花境，该灌木花境的地被层应用了花期长、耐热性强的凤仙花和长春花，让季相景观单一的灌木花境在炎热的夏季增添了几分颜色。

图2-86　季相景观稳定的灌木花境

图2-87　植物之间缺少形态质感对比的灌木花境

（六）混合花境

混合花境由多年生宿根花卉、球根花卉、观赏草、一二年生草本花卉和灌木组成。在季相设计时，应充分考虑春、

图2-88　应用时令花卉做地被层的灌木花境

夏、秋、冬四季的景观效果，将骨架植物、主调植物和填充植物进行合理的搭配。混合花境因为常以灌木作为骨架结构，保持了整体结构的稳定性，也保证了冬季的景观效果。如图2-89的混合花境在寒冷的冬季由于具有稳定的骨架植物，保证了立面景观效果，但因为混合花境要兼顾四季景观的均衡，主调植物（宿根花卉层）空间有限，在节奏、韵律上不能充分施展宿根花卉的魅力。图2-90与

图2-89　冬季具有稳定结构的混合花境

图2-90　春季宿根花卉层并不明显的混合花境

图2-89是同一个花境，这个花境虽然在春夏季节有明亮的色彩，但宿根花卉也没有带来惊颜的效果。混合花境的季相设计重点应放在宿根花卉层，其季相设计方法与宿根花卉花境相似。因为混合花境的宿根花卉层空间有限，很难形成次第开放的季相层，因此，多年生宿根植物应布置得疏朗些，然后根据季节和景观需要填充一二年生花卉，增添即时效果。应避免在混合花境中将同一种类、同一花期的植物进行大面积配置，导致冬季有较大面积的季节性空缺。如图2-91和图2-92是同一个花境作品在不同季节的景观，由于使用了较大面积的春季开花、冬季落叶休眠的绣球，导致冬季裸露了大面积的土壤（图2-92）。

　　总之，花境的季相设计是花境设计的重点，花境的季相变化不能通过植物的更换来完成，而是要通过植物的自然生长变化来完成，这才符合花境长效、低维护的景观特质。花境的季相受多个因素的制约，同时受气候条件和养护措施等的影响，合理的植物搭配是保证季相景观的首要条件。设计师应秉承"人与自然和谐共生"的理念进行花境的季相设计。

图2-91　使用绣球进行较大面积搭配的混合花境

图2-92　冬季绣球休眠后裸露土壤的混合花境

第三章　花境施工

第一节　花境施工前的准备

为保障花境施工的顺利进行，做好施工前的准备工作至关重要，花境施工前的准备工作主要包括：设计方案交底、现场勘察、制定施工方案等。

一、设计方案交底

设计方案交底是保障花境设计意图和落地效果的有效手段。花境施工前，设计人员会同甲方、施工单位进行方案交底。在甲方认可设计意图的基础上，三方就方案呈现效果、施工技术关键、施工内容等达成一致。

（一）方案呈现交底

为保证花境方案落地施工后的呈现效果，三方对照设计图核定施工场地标高和施工场地的地形。根据设计意图和花境主题，明确花境的总体风格、种植类型、色系搭配和季相要求，并对花境植物种类进行初步筛选。

（二）施工内容交底

在认真理解设计方案的基础上，依据施工技术规范及质验标准，制定相应技术措施。由技术负责人对施工班组做分项工程交底工作，要明确质量目标和安全注意事项，并具体到整个施工过程，使现场施工人员明确施工内容、施工责任和施工要求。

二、现场勘察

设计方案交底之后，为确保施工的顺利进行，设计人员和甲方、施工人员应到现场进一步确定相关事宜。勘察施工场地的地理位置、周围环境状况、基础设施、水电点位状况等，确定是否具备进场条件，包括施工便道、运输、吊装、材料进场等；进一步核实花境的场地朝向、生境条件、土壤条件等，确定施工方法和施工工艺；为避免前期工程与花境项目交叉施工造成施工不便和返工情况的发生，核查施工现场构筑物、硬质铺装、水体及上木种植是否已基本完成。

三、制定施工方案

（一）明确施工目标

认真研究和理解施工图纸及相关质量要求，根据项目场地的现状和特点，分析各种影响施工的因素，确定施工内容，明确施工目标，包括验收目标、工期目标、安全目标和生态目标等。

（二）制定施工计划

按照施工技术规范及质验标准，制定相应技术措施并编制施工进程计划表，将详细的施工过程包括技术交底、场地平整、地形塑造、土壤改良、施工放样、苗木种植、铺覆盖物、浇定根水等列出详细的时间计划。

（三）准备施工力量

成立独立的花境施工项目部，项目负责人对项目的进度、质量、安全、文明施工等方面实施全面管理，并配备经过专门培训并取得相应技能证书的技术骨干。

（四）保障材料供应

由具有一定花境植物认知能力的专职材料人员组织材料供应，确保稳定的采购和供应渠道；确保苗木质量；确保苗木运输安全、专业和快捷；确保苗木装卸有序合理。

花境植物应满足以下质量要求：宜选择根系生长完好、无明显病虫害或机械损伤、冠幅和高度与盆径相匹配的容器苗；若是一二年生草本花卉，要求茎秆矮且粗壮、分枝数量多、株型圆整丰满、花蕾显色，且能及时整齐开花；观叶植物须叶色鲜艳，观赏期长；矮生木本植物应选用生长健壮、株型丰满、枝条充实、无机械损伤、无明显病虫害的观花、观叶或观果植物；对于萌芽力弱的针叶树种，苗木应具有饱满的顶芽，确保树型完整且优美。木本植物宜选择经过移植或盆栽的容器苗或土球苗，若选择裸根苗要切断主根，少伤须根，并随掘随种。一般而言，露地生产的苗木适应性比温室生产的好，因此应尽量选择露地生产的苗木。

（五）确保施工安全

进行安全和文明施工教育，制定现场安全教育和培训制度；进行主要工序环节的安全学习，对施工现场安全技术规范进行强化学习，印制并发放花境施工现场安全技术规范；在公共场所和交通要道进行花境施工时布置施工区域警示牌及围挡。

第二节　花境施工

一、场地清理及平整

确认施工范围，对施工范围内的构筑物、公用设施、原有植物进行确认并根据设计和施工要求进行清除或予以保留。清理场地内杂物，根据设计要求进行填方或挖方，为了防止土层下沉，在平整场地时可适当压实。平整后的场地在满足设计要求的前提下，应保障自然排水。

二、地形塑造

花境的地形是决定花境立面效果的因素之一，只有地形塑造与植物搭配完美结合才能呈现花境作品的最佳效果。如图3-1是具有坡面地形的花境，其立面层次因具有微地形而显得丰富多彩。有时花境的地形甚至是花境作品的主要表现手段，如图3-2中的单面观赏花境，寥寥几株花境植物结合完美的地形，将作品的立意和意境表达得淋漓尽致。微地形要以满足植物良好生长和方便日常养护为前提，不能只顾景观效果而不顾植物生长和日后养护。设计师和施工人员要密切配合，对于设计中的明显失误，施工人员应进行必要调整。如图3-3中，在地形低洼处栽植了喜干旱环境的多肉植物，会导致多肉植物生长不良甚至死亡。

地形塑造时，为确保达到设计标高要求，施工时应由里向外进行，一边塑造地形，一边压实。地形塑造施工过程中，应从大局上把控地形骨架，地形粗整完成后，再从边缘逐步向中间做好面层覆盖，使整个地形具有流畅的坡面曲线。为确保排水通畅、防止土壤溅出，栽植土边缘线应略低于道路、广场、草坪等交接处。

图3-1　具有坡面地形的花境

图3-2　以地形表现为主的单面观花境

图3-3　在地形低洼处栽植了喜旱环境的多肉植物

地形塑造完毕，应翻松因施工碾压而板结的种植土，确保表层种植土疏松透气。

三、土壤改良

为保证花境植物后期的良好生长，维持花境景观的长效性，一般需要对原有土壤进行改良。土壤改良的主要目的是提高土壤的有机质含量，改善土壤的理化性状，有效防止土壤板结，提高土壤的保水和保肥性能。如图3-4中，土壤贫瘠且板结，明显缺少土壤改良环节。

土壤改良可根据实际情况结合前期场地平整和地形塑造进行。若在地形塑造之后进行土壤改良，土壤改良完成之后应确保原有塑造地形不变样，如图3-5所示。

土壤改良常采用10 cm厚基肥深翻30~50 cm，10 cm厚营养土铺设表层并拌和均匀的方法。具体铺设深度根据不同植物种类有所差异，特殊植物可根据需要局部增加深度。基肥常采用充分腐熟后的动物粪肥（如羊粪、鸡粪等）、植物饼肥（菜籽饼、豆渣等），营养土常采用具有粗纤维的轻质土，如泥炭土、草炭土、椰糠、腐叶土等。

图3-4　未进行改良的土壤　　　　图3-5　完成地形塑造和土壤改良的花境种植床

四、定点放样

花境景观与传统园林景观相比，施工更需要精细化，因此花境植物栽植前的定点放样显得至关重要。花境类型不同，放线方法也有所不同。

混合花境的植物种类和搭配形式多样，其放线方法一般是几种方法的结合。首先，根据设计图纸对点植的乔灌木进行定点，由于乔灌木一般作为花境的骨架，在花境中起到框架性的作用，定点时一定充分考虑花境的立面层次和景观效果。为方便下层植物的放线与栽植，乔灌木定点之后可以先行种植，然后，对团块植物进行放线，根据团块植物的种类和精细化程度选择放线方法。若团块植物

图3-6 一次性放线完毕的花境植物栽植施工图

种类较少，可以栽植后的乔灌木为参照，并结合设计图纸用白灰进行徒手放线，直接标出团块植物的边界线。不建议完全按照设计图进行整体放线后再栽植（如图3-6），这种方法往往达不到预期效果。若团块植物种类多、植物搭配精细化程度高、种植场地面积大且规则时，常采用网格法进行放线。对于初学者来说，网格定点法准确性高，不容易出错。对于现场施工经验丰富的花境师而言，当植物种类不太多时，可以直接利用植物进行"沙盘推演"，即根据设计图纸，将植物放置于指定位置，对照设计意图，经过现场调整之后，再进行植物栽植（如图3-7）。

网格定点法一般采用1 m或2 m见方的网格，当植物搭配精细化程度高时常采用1 m见方的网格，方格网可用石灰粉或细绳。根据方格网定位画出每块种植区域的分隔线，并根据需要在每个区域标注或放置植物。植物种类较多、搭配方式复杂多变的混合花境，可以先对点植、丛植的植物放线，再对作为焦点或主调的团块植物进行放线，最后留下的空间就给填充植物了。放线时，植物团块应左右多交叉，前后少重叠。另外，草甸花境放线常采用网格法，如图3-8所示，该花境采用细绳进行网格法放线。

图3-7 花境植物栽植之前的"沙盘推演"

五、栽植

（一）栽植顺序

合理的栽植顺序可以提高施工效率，减少返工现象。栽植顺序一般遵循"从上至下、从主到次、从点到面"的原则。"从上至下"指的是先栽植花境骨架层，也指先栽植竖线团块植物，再栽植水平团块植物，这可以从大局上把控花境的立面层次和空间骨架，营造优美的林冠线；"从主到次"指的是先栽植主调植物，这可以把控花境的主调风格或主调色彩；"从点到面"指的是先点植

图3-8　采用细绳进行网格法放线的花境

图3-9　完成骨架植物和点植植物栽植的花境

后丛植再团状种植，这样可以更好地呈现焦点植物的个体形态。如图3-9中先完成骨架植物和点植植物栽植的花境。

（二）栽植技术

规范的栽植技术是花境植物良好生长的技术保障，也是呈现花境效果的关键手段，更为花境后期养护打下良好的基础。

一般要求栽植穴的直径与深度比土球大三分之一，比裸根苗大二分之一。栽植深度则以浇足定根水后，土球表面与种植床土面持平为度。

用于花境的容器苗，若根系正好能形成完整的土球，脱盆后，不需要处理可直接栽植；如果容器苗根系覆盖缠绕整个土球，说明苗龄偏大（如图3-10），若直接入土栽植根系很难扎入土壤，影响植物成活与生长，因此须对土球表面的盘缠根系进行刨松处理，或切掉土球底部一部分根系露出新根，并剪去过长根、衰老根和病虫根，让根系更好、更快地扎入种植土壤中。如图3-11中工人正将土球的底部切掉一部分。图3-12中，粉花绣线菊由于栽植时没有对土球进行处理，根系没有及时扎进土壤而死亡。

图3-10　被根系缠紧的钓钟柳土球　　　　　图3-11　工人正在切下大麻叶泽兰土球底部根系

花境植物栽植不是纯粹的"栽"，还要讲究"美"。栽植时要注意植物的观赏面及朝向，做到主次分明、顾盼呼应、摇曳生姿。

（三）栽植密度

栽植密度一般指每平方米的栽植株数。栽植密度不仅是花境设计时的重点，也是种植施工时的难点，更是关乎花境后期养护难易的关键因素。

在设计阶段，设计师要充分考虑植物的生长习性、生长速度及植株成型后的景观效果。从这个层面来讲，花境设计师对植物的认知能力显得尤其重要，只有具备相当植物认知能力的设计师设计的花境方案才有可落地性。

在种植施工阶段，施工技术人员要根据植物的生长习性和效果呈现进行合理的密度控制。其中，植物的生长习性是决定种植密度的关键，如栽植初期同样规格的植物由于成年植株规格不同，其栽植密度是不同的。如图3-13中的丝石竹

图3-12　因土球没经过处理直接栽植而　　　图3-13　种植得过于稀疏的丝石竹
　　　　　死亡的粉花绣线菊

与图 3-14 中的宿根六倍利栽植密度一样，但丝石竹成年植株不会有更大变化，因此种植得太稀疏，必定影响景观效果。宿根六倍利的成年植株较大，因此种植密度是合理的。

图 3-14　种植密度合理的宿根六倍利

理想的种植密度是植物生长初期留有足够的生长空间，当植物充分生长后，植株之间叶片正好搭接，互不干扰。切忌以"见缝插针、密不透风"的方式堆砌植物以满足工程项目对花境即时效果的需要。如图 3-15 中，花境植物就是因为栽植之初的"堆砌"手法，导致了"密不透风"的景观。

在实际应用中，一般根

图 3-15　种植密度过大导致堆砌的景观

据植物的成型高度和冠幅来确定种植密度。如成型高度为 150 cm 左右，冠幅为 60 cm 左右的蓝鸟鼠尾草，建议种植密度为 3 株/米^2；成型高度为 130 cm 左右，冠幅为 40 cm 左右的柳叶马鞭草，建议种植密度为 6 株/米^2；成型高度为 70 cm 左右，冠幅为 30 cm 左右的大滨菊，建议种植密度为 9 株/米^2。

植物的冠幅是影响种植密度的最关键因素。如朝雾草，植株成型高度虽然只有 40 cm 左右，但冠幅可在 60 cm 左右，建议种植密度为 2 株/米^2；成型高度同样达 40 cm 的四月夜鼠尾草，冠幅只有 30 cm 左右，种植密度则建议 9 株/米^2。

科学的种植密度在花境的推广中一直倍受关注，但在实际应用中很难达成多方的一致，这需要甲方、设计方、施工方认可低密度种植的花境呈现的初期效果。高密度的种植会给植物正常良好的生长及花境后期的养护带来不小压力，而低密度的种植可以达到意想不到的景观效果，在一定程度上还可以降低单位面积的栽植成本和养护成本。对于低密度栽植所导致的初期部分土壤裸露，可以利用

图3-16　3月利用有机覆盖物填充植物间隙

图3-17　6月植物间隙已被自然生长的枝叶覆盖

图3-18　5月景观效果

图3-19　9月景观效果

覆盖物或铺地植物进行覆盖，提升景观效果。如图3-16和图3-17对比，图3-16是3月初的效果，此时大多数植物处于萌芽期，种植初期给植物留足了生长空间，植物空隙使用有机覆盖物进行覆盖。图3-17是6月初的效果，此时植物的生长已基本成型，特别是左右两株'无尽夏'绣球和中间的'贝拉安娜'绣球开花之后，整个花境景观达到了理想效果。图3-18和图3-19的时间分别是5月和9月，这个花境利用铺地植物填充空隙，给主调植物留了足够的生长空间，历时几个月的景观长效且稳定，有效降低了单位面积的养护成本。

（四）现场优化调整

花境植物种类多样、形态多变，搭配要求精致度高，其落地施工过程是一个反复"推演"的过程。花境设计方案只是设计师写的一个"剧本"，众多的花境植物是"演员"，现场施工人员就是"导演"。"导演"需要以"剧本"为指导，结合现场实际情况和各"演员"不同的特点，让"剧情"精彩呈现在观众面前。完全照图施工是不可取的，现场施工人员需要遵循原有的设计原则并结合审美，对设计方案进行现场优化调整。现场优化调整主要考虑以下几个方面：

（1）植物的空间结构是否合理，立面层次是否杂乱，焦点植物是否突出且位置恰当。

（2）植物团块间的交叉、错位和植物团块的边界线条是否自然，团块比例是否恰当。

（3）植物种类是否过多，种植密度是否过大，是否导致堆砌、挤压、杂乱无序。

（4）植物是否需要整形修枝，是否需要剪除残花败叶。

六、切边处理

当花境与草坪连接时，为了方便排水，防止草坪或花境植物相互蔓延生长，花境的边缘需要切边开沟，这条沟常被称为草坪沟或隔离沟。干净整洁的花境切边可以体现花境的精致，提升花境的景观效果。一般沿花境外轮廓线开挖一条梯形沟，要求沟宽 10 cm，深 5 cm 左右，切口要整齐，直线要直，曲线要流畅，切口呈 45 度斜面最具稳定性，如图 3-20 所示的草坪沟。当花境中有扩张性强的植物，特别是有靠匍匐茎或地下茎蔓延生长的植物时，应设置垂直深度不小于 10 cm 的控根区，控制其蔓延，如图 3-21 中匍匐茎发达的熊猫堇已经越过隔离沟蔓延至草坪中。另外，草坪沟要随时进行清理，避免草坪入侵花境空间，影响景观效果（如图 3-22）。

图 3-20　呈 45 度的草坪沟

图 3-21　草坪沟深度及宽度不够熊猫堇已蔓延至草坪

图3-22 没有及时清理的草坪沟

图3-23 裸露的绿色隔离带破坏了精致的花境景观

花境与草坪相接时，花境边缘作草坪沟是目前花境项目中最常用的一种形式，因为其更能体现花境的自然野趣。在花境推广之初，常常采用绿色的草石隔离带进行花境边缘的界定，但这种绿色的塑料带若施工时处理不当，往往带有较重的人工痕迹，与花境的自然野趣不相协调。如图3-23的花境，植物搭配是讲究的，但裸露的绿色隔离带破坏了其景观的精致。当花境与道路等硬质景观相接时，金属隔板是目前常采用的一种材料，金属隔板与绿色的草石隔离带相比耐久性更好，其色彩及质感更显精致感（如图3-24）。

图3-24 采用金属隔板做花境的边缘修饰

七、铺覆盖物

花境植物栽植完成后，铺撒覆盖物是很重要的环节。覆盖物可以改善土壤结构、防止土壤板结、减少水土流失、抑制杂草生长、调节土壤温度、丰富花境色彩等。在冬季休眠期，铺撒覆盖物还能隐蔽裸露的土壤，提升景观效果（如图3-25）。

图3-25　绣球在冬季休眠期修剪后铺撒了红色的有机覆盖物

（一）覆盖物的种类

覆盖物分为有机覆盖物和无机覆盖物两大类。

1.有机覆盖物

有机覆盖物主要是由树枝、树皮、松针、草屑、木片、果壳等植物材料经腐熟、粉碎（或抛光）、分级筛选、熏蒸等工序加工而成。树皮类有机覆盖物，质感和色彩丰富，设计师可以结合覆盖物进行花境主题和色彩的表达。如图3-26的花境使用红色有机覆盖物进行留白区的覆盖，增添了花境的意境和视觉效果。树皮类有机覆盖物pH值偏酸性，适合大多数花卉植物的生长；果壳类有机覆盖物以棕黄色、黑色为主，其中硬果

图3-26　留白区采用红色有机覆盖物进行覆盖的花境作品

壳不易分解，软果壳可分解为介质增加土壤肥性，pH值呈弱碱性。

2.无机覆盖物

火山岩、砾石、煅烧陶粒、卵石和石头等，都可称为无机覆盖物。其中以火山岩为原料，经粉碎、筛选、除尘等工序加工而成的火山岩类无机覆盖物，色泽以红色、黑色为主，其孔隙度高、质轻且不易碎、透气性和吸水性良好、易打理，是一种比较理想的无机覆盖物。如图3-27的花境是成都农业科技职业学院图书馆内的花境，该花境处于室内空间，使用火山岩覆盖花境留白区，使用砾石和卵石覆盖道路空间，营造了易于打理的干净整洁的环境。无机覆盖物维护成本

图3-27　火山岩覆盖花境留白区、砾石和卵石覆盖道路空间的室内花境

低，不易腐烂，但易使土壤性状恶化，影响植物生长。如图3-28中，黑色的砾石让金叶佛甲草的颜色显得更加亮丽，花境景观干净整洁且易打理，但是黑色砾石的表面温度冬冷夏热，特别是夏季在阳光照射下温度急剧上升，容易影响植物的生长。图中的金叶佛甲草在夏季高温天气已出现生长不良。

图3-28　用黑色砾石覆盖的花境夏季出现了植物生长不良

（二）铺设方法

覆盖物应分类分颜色从花境内部向外缘铺设，保证铺设厚度、均匀度及平整度。有机覆盖物建议铺设厚度为3～5 cm，实际应用时可以根据粒径大小适当调整，一般粒径小的铺设厚度可小，粒径大的铺设厚度可适当加大。由于无机覆盖物不会自然降解，为防止无机覆盖物下陷至泥土中导致后期难于清理，建议无机覆盖物在铺设前先铺设土工布或防草布。铺设不同种类或不同颜色的覆盖物时可以先分区进行放线，然后分区进行铺设，覆盖物分界线处线条应清晰、顺畅。如图3-29中，蓝色和褐色的覆盖物边界不清晰，影响了花境作品景观的呈现。

图3-29　不同色彩的覆盖物边界不清晰

八、浇定根水

定根水指的是植物栽植完毕后第一次浇的水。定根水的主要作用是使根系和土壤及时密切接触，促进植物快速恢复生长。定根水要浇足浇透，建议栽植后立即进行，若遇特殊情况，一般24小时内浇完第一遍透水。

对于点植的大型骨架植物，为了浇足定根水，使土球与土壤充分贴合，尽量避免采用喷洒的方式，可将水管插入种植穴灌水。下层地被植物要均匀喷洒，分多次喷淋。浇水时为免水压过大冲倒植株，应在管头做缓冲或在管头安装花洒，不要直接对着植物根部用大水冲刷。

第一次定根水要浇透，当出现水无明显下渗，土面形成小径流时，即为浇透。待水完全渗透后，若植物出现倾斜和倒伏，要及时采取扶正措施。

九、场地清理

花境施工过程要体现生态文明精神，花境施工完毕应做到工完场清，保持场地的清洁整齐。

第四章 花境水肥管理与病虫害防治

近年来，随着花境的不断发展，其普及率越来越高，花境已然成为园林绿化中不可或缺的景观类型，各大城市热衷于花境建设，但"高标准建设，低标准养护"的现象比较明显。追溯原因，一是主管部门和建设单位对花境养护的重视程度不够，在花境养护方面投入资金少；二是把花境这个特殊的景观纳入传统园林景观养护范畴，导致花境缺乏个性化、精细化的养护；三是花境养护方面的专业人才缺乏。目前，花境养护已成为花境推广和花境行业健康发展的重要制约因素。基于花境养护的及时性、精准性、精细性、景观性等方面要求，花境养护人员除了需要掌握基本的园艺技术外，还需要具有系统的针对花境养护的知识与技能。

第一节　　花境植物水分管理技术

水是植物体的重要组成部分和光合作用的重要原料，植物一切代谢活动都离不开水，水分对植物的影响主要是土壤水分和空气湿度。水分不足，会使生理代谢（光合、呼吸、蒸腾）无法正常进行，植物枯萎死亡；水分过量，会使植株徒长、烂根、花蕾脱落，严重时死亡。因此花境植物水分管理至关重要。

一、花境植物的需水习性

（一）花境植物原产地不同，需水量不同

植物因为原产地水分环境的差别而具备不同的需水习性，并在形态和生理结构上形成了不同的适应方法。如原产美洲荒凉地带的仙人掌类植物，为了适应其所在地降水极少的环境，叶片在长期的进化进程中强烈退化变小，变成针刺状，并有很厚的角质和蜡层覆盖，因此有利于维持体内的水分不被蒸发，即使在干旱环境下也能顽强地生存下去。大多数来自暖湿地带的常绿花卉，因为叶大而薄，组织柔嫩且无致密厚实的蜡层和角质层保护，气孔又经常处于开放状况，其水分的蒸腾量很大，因此对茎叶类器官水分的贮存甚为不利，为了维持植株体内的水分平衡，就需要经常供给充足的水分。

依据需水习性和对不同水分环境的适应能力，花境植物常分为以下几种。

水生植物：它们必须在水中生长，其营养器官拥有高度发达的通气组织，能源源不断地输送氧气。这类植物有荷花、睡莲、石菖蒲等。

湿生植物：它们能生长在水分饱和的泥土中或空气湿度高的环境下，有较强的抗涝能力。这类植物有水仙、蕨类、龟背竹、旱伞草、海芋等。

中生植物：适宜在泥土湿润而又排水良好的条件下生长，过干和过湿的环境对其生长都不利。其耐旱性能介于旱生和湿生之间，随品种不同有一定差别。绝大多数花境植物属于此类，如月季、绣球等木本花卉，毛地黄、花烟草、鼠尾草、飞燕草、山桃草、迷迭香等草本花卉。

旱生植物：它们大多原产于干旱的荒凉地带，小叶型或叶退化，或气孔下陷，或茎肉质化，具备发达的根系。这类植物有仙人掌类、石莲花、虎刺梅等。

综上，应根据花境植物不同的需水习性给予适合的水分补充。

（二）花境植物生育期不同，需水量不同

通常而言，播种后需要较高的土壤湿度，以便湿润种皮使种皮膨大，以利于胚根和胚芽的萌发。种子萌发出土以后，根系较浅，幼苗细弱，应维持表土的适度湿润。以后，为了避免苗木徒长，促使植株健壮，应降低土壤湿度，园艺上称之为"蹲苗"，这是培养壮苗的有效办法之一。当幼苗生长到一定时候，相对干旱还能抑制植株快速生长，积累营养物质促进花芽分化。花芽分化是由营养生长进入生殖生长的转折时期，如梅花、桃花、紫薇、三角梅等适当控水，少浇或停浇几次水，能抑制或延缓茎叶的生长，提早并增进花芽的形成和发育，从而达到花开茂盛的观赏目标。在植物的开花期内，基质土壤水分的供给应维持在恰当程度，水分少则开花不良，使花期变短；水分过多也会引起落花、落蕾。此外，空气湿度对开花也有影响，湿度过小会使花期变短，不能呈现出正常的花色，但湿度过大也会引起花瓣霉烂，腐霉病、疫病多发。

综上，花境植物应根据不同的生育期给予适合的水分补充。

二、花境植物的水分管理原则

大多数植物的浇水技巧可以概括为"不干不浇，浇则浇透"，不浇只湿土表的"半截水"。浇水量及浇水次数主要依据植物种类、生育阶段、气候条件、季节变化、土壤质地等灵活掌握。具体操作中要留意以下几点：

（1）要依据植物的生长季节进行浇水。就全年来看，夏季气温高蒸发量大要多浇水，冬季气温较低蒸发少且植物基本停止生长，则少浇水，不干不浇。

（2）要依据植物品种及生育期进行浇水。阔叶类、喜湿类植物多浇水，小叶、针叶类、仙人掌类植物少浇水，湿生植物浇水"宁湿勿干"，中生植物浇水"干透浇透"，旱生植物"宁干勿湿"。苗期应少浇水，进入生长旺期应多浇水，种子成熟应少浇水，休眠期要节制浇水。

（3）要依据土壤质地确定浇水量与浇水次数。砂壤土的孔隙度大，蓄水力

弱，易干不易涝，宜多浇水。黏质土"湿时一团糟，干时一把刀"，应及时中耕松土，适当减少浇水次数，每次浇水量应酌情增加。富含有机质的腐殖土，质地疏松，蓄水量大，既不易干又不易涝，在相同情况下，浇水量及次数均可相应减少。

三、花境植物浇水的方法及技术要点

（一）浇水量

植物品种、生长期、季节、气候条件等不同，浇水量亦有不同。

草本花卉植物一般要多浇水，木本花卉植物一般要少浇水；当植物进入休眠期的时候，要减少或者停止浇水；进入植物生长期后，需要逐渐增加浇水量；当植物进入营养生长旺盛期时，浇水量要充足。

以宿根花卉为例，从生长开始对水分的需求逐渐增大，直至植物开花。进入休眠期后对水分需求明显降低，整个冬季几乎不需要浇水。春夏季节水分蒸发比较大，需要适当勤浇及多浇，夏秋季节虽然气温高，但由于降水量比较多，不需要频繁浇水。

从土壤渗透深度来看，灌木浇水量土壤渗透深度宜 25～40 cm；草本浇水量土壤渗透深度宜 10～30 cm；具体深度可结合苗木土球大小，宜超过土球深度；或结合根系发达程度和植株高度，根系发达植物（绝大多数的灌木、观赏草）浇水量土壤渗透深度宜超过植株高度的1/2，浅根系植物（大多数一二年生时花、多年生的蕉类、姜类、灌木中的杜鹃类）浇水量土壤渗透深度宜超过植株高度的1/3，并遍布植物根系集中区域。

（二）浇水时间

浇水应遵循水温、地温、气温"三温一致"的原则。夏季浇水在早上10点前及下午4点后浇水1～2次，忌在中午气温正高、阳光直射的时间浇水，因为这时土壤温度高，浇冷水后土温骤降，对植物生长不利。阴天可全天进行，冬季浇水则应在午间进行。

（三）浇水次数

植物所需的浇水次数需要根据季节变化及土壤的干湿度来决定。对于喜湿植物，需要多次浇水，保持土壤呈湿润状态，如石菖蒲、水仙、蕨类等花境植物应少量多次进行浇灌；对于旱生植物浇，水次数不能太多，浇水的间隔期可长一些，如旱金莲、仙人掌等植物，灌水次数需要适当减少。

（四）水质

植物浇灌所需用水最好呈微酸性或者中性。若用自来水或者可供饮用的井水浇灌花境植物，尽量提前一两天晒水，使自来水中的氯气挥发出去，同时提高水温，实现浇水时的三温一致。

图4-1　花境植物叶面喷水

（五）浇水方式

叶面喷水：植物生长发育所需的水分主要是从土壤中获取的，但也可从空气中获取，因此需要使空气湿度适宜。采取叶面喷水能够增加空气湿度，降低周边环境温度，冲洗掉植物叶片上附着的尘土，促进植物进行光合作用（见图4-1）。

根部浇水：宜采用可调节水压和出水形状的花洒与水管相接，禁用水枪直射，以防止损伤植物及冲刷泥土至植物茎、叶和花朵上。喷灌或滴灌浇水应根据植物的实际情况进行排管和给水控制，尽量做到喷雾均匀周到，以免造成局部水涝或干旱（见图4-2）。

浇水不宜集中浇在根部，要浇到整个根系分布区以引导根系向外伸展。浇水过程中，按照"初宜细、中宜大、终宜畅"的原则来完成。大部分植物从上往下均匀淋湿（冲刷尘土、叶片也可以吸收水分），重点浇灌中下部2~3遍，让水分充分渗入土壤。对特殊品种植物采取单独浇水方法。对花朵易腐烂、容易掉花的植物（如茶花、三角梅、凤仙花、蓝雪花等）应淋植株中下部。

图4-2　喷雾不均匀造成局部干旱死亡

四、排水与降湿

梅雨、暴雨、台风季节应保持排水通畅，如有积水应及时排水。排水不畅，土壤水分过多，氧气不足，抑制根系呼吸，减少吸收机能，严重缺氧时，根系进行无氧呼吸，容易积累乙醇使蛋白质凝固，引起根系死亡，特别是对耐湿性差的品种更应及时排水。常用的几种排水方法有明沟排水、暗沟排水、地表径流。

（一）明沟排水

明沟排水是在地表挖明沟，将低洼处的积水引到出水处。此法适用于大雨后抢排积水，或地势高低不平不易实现地表径流的花境，明沟宽窄视水情而定，沟底坡度一般以 0.2% ~ 0.5% 为宜。开挖排水沟应尽量减少对花境景观的影响。

（二）暗沟排水

暗沟排水是在花境种植床下埋设盲管或砌筑暗沟将低洼处的积水引出。此法可保持花境景观完整和方便养护作业，但需要一定的投资。

（三）地表径流

地表径流是将地面整成一定的坡度，保证雨水能从地面顺畅地流向河、湖、下水道。这是花境营造上常用的方法，既节省费用又不留痕迹。地面坡度一般掌握在 0.1% ~ 0.3%，不要留下坑洼死角。利用地表径流进行排水，在花境的地形设计时就应充分考虑。

第二节　花境植物施肥技术

花境植物的生长发育、开花结果离不开营养元素的有效补充。在花境植物生长过程中，补哪些营养元素，在什么时间补充，如何补充来达到更好的效果呢?

一、植物营养基础

在植物生长发育过程中，碳（C）、氢（H）、氧（O）、氮（N）、磷（P）、钾（K）、钙（Ca）、镁（Mg）、硫（S）、铁（Fe）、锰（Mn）、锌（Zn）、铜（Cu）、钼（Mo）、硼（B）和氯（Cl）等16种营养元素，是大多数植物正常生长发育的营养基础，也是必不可少的营养元素，因此又称为必需元素。

必需元素具有三大特征：

必要性。这种化学元素对所有植物的生长发育是不可缺少的，缺少这种元素就不能完成植物的生命周期。

专一性。缺乏这种元素后，植物会表现出特有的症状，而且其他任何一种化学元素均不能代替其作用，只有补充这种元素后症状才能减轻或消失。如缺铁性黄化症，补充铁元素以外的其他营养元素，均不能很好地缓解。

直接性。这种元素必须是直接参与植物的新陈代谢，对植物起直接的营养作用，而不是起改善环境的间接作用。

（一）氮（N）（大量元素）

生理功能：蛋白质、核酸、磷脂、酶、植物激素、叶绿素、维生素、生物碱、生物膜的组成成分。

氮素缺乏：植株矮小，分枝分蘖少，叶片小，老叶先黄化或发红，易落花落果（如图4-3）。

氮素过量：叶色深绿，贪青徒长，开花延迟，机械组织脆弱，抗逆性差，产量下降。

氮（N）的形态：分为铵态氮、硝态氮及酰胺态氮。

铵态氮肥（NH_4-N）：肥效快，作物直接吸收，也可转化为硝态氮吸收；易吸附在土壤胶体中，不易流失；在碱性土壤中容易挥发；高浓度铵盐对植物易造成毒害，且一定程度抑止钙、镁、钾的吸收。

硝态氮肥（NO_3-N）：是植物吸收氮素的主要方式，为速效氮肥；硝酸根为阴离子，对钙、镁、钾阳离子的吸收无抑制作用；易溶于水，在土壤中移动较快；不易被土壤胶体吸附，易流失；易被反硝化成气体流失。

酰胺态氮肥（Uric-N尿态氮肥）：跟硝态氮、铵态氮的离子态氮肥不同，酰胺态氮肥是分子态，没有电导率；尿素含氮46.7%，固体氮中含氮最高；尿态氮植物不能直接吸收，只有经过土壤中的脲酶作用，水解成碳酸铵或碳酸氢铵后，才能被植物吸收利用。

（二）磷（P）（大量元素）

生理功能：植素、核酸、磷脂、酶、腺甘磷酸的组成成分；促进糖运转；参与碳水化合物、氮、脂肪代谢；提高植物抗旱性和抗寒性。

磷素缺乏：株小，根少，分蘖、分枝少，老叶先暗绿或紫红（如图4-4）。

图4-3 栀子花缺氮症

图4-4 南天竹缺磷症

磷素过量：呼吸作用过强，磷酸钙沉积，叶片产生小焦斑；根系生长过旺；生殖生长过快；抑制铁、锰、锌的吸收。

（三）钾（K）（大量元素）

生理功能：以离子状态存在于植物体中，酶的活化剂，促进光合作用、糖代谢、脂肪代谢、蛋白质合成，提高植物抗寒性、抗逆性、抗病和抗倒伏能力。

钾素缺乏：老叶尖端和边缘发黄，进而变褐色，渐次枯萎，但叶脉两侧和中部仍为绿色；组织柔软易倒伏；老叶先发病（如图4-5）。

钾素过量：会由于体内离子的不平衡而影响到其他阳离子（特别是镁）的吸收；过分木质化。

（四）钙（Ca）（中量元素）

生理功能：细胞壁结构成分，提高保护组织功能和植物产品耐贮性，与中胶层果胶质形成钙盐，参与形成新细胞，促进根系生长和根毛形成，增加养分和水分吸收。

钙素缺乏：生长受阻，节间较短，植株矮小，组织柔软；幼叶卷曲畸形，叶缘开始变黄并逐渐坏死；幼叶先表现症状（如图4-6）。

钙素过剩：不会引起毒害，但是抑制Fe、Mn、Zn的吸收。

（五）镁（Mg）（中量元素）

生理功能：叶绿素的构成元素，许多酶的活化剂。

镁素缺乏：根冠比下降；高浓度的K^+、Al^{3+}、NH_4^+可引起Mg缺乏（如图4-7）。

镁素过量：茎中木质部组织不发达，绿色组织的细胞体积增大，但数量减少。

（六）铁（Fe）（微量元素）

生理功能：酶的组分和活化剂，铁氧还蛋白组分，参与叶绿素分子的合成，参与电子传递，影响呼吸作用和ATP的形成。Fe^{2+}是吸收的主要形态，螯合态铁

图4-5　八角金盘缺钾症　　　　　　　图4-6　三角梅缺钙症

也可以被吸收。

铁素的缺乏：新叶脉间失绿（如图4-8）。

图4-7　樱花缺镁症　　　　　　　　　　图4-8　绣球缺铁症

各养分在植物体内的作用及缺素症在植株上的表现特点见表4-1。

表4-1　必需元素在植物体内的作用及缺素症表现

养分名称		各养分在植物体内的作用	缺素症表现
氮	N	参与叶绿素的形成，提高光合作用	老叶黄化焦枯，新生叶淡绿，提早成熟
磷	P	促进细胞分裂，促进开花结实，提高抗逆性，促根系发育	植株矮小，叶片或茎秆出现暗绿色或紫红色斑点
钾	K	促进细胞分裂，提高光合作用，促进淀粉和糖分的合成	老叶的叶尖或边缘出现黄色或褐色斑点或条纹
钙	Ca	使细胞和细胞膜能联接，有助于细胞膜的稳定性	顶芽易枯死，生长受阻，干烧心、筋腐、脐腐等
镁	Mg	叶绿素的组分之一，是多种酶的活化剂	叶片失绿黄化，光合作用下降，光合效率低
硫	S	组成蛋白质和核酸不可缺少的元素	植物生长发育不良，影响产量和品质
铜	Cu	参与光合作用，呼吸作用和氮的代谢作用	叶片上有白色斑点，多数植物顶端生长停止和顶枯
铁	Fe	促进叶绿素的合成，增强光合作用，提高光合效率	叶脉间失绿黄化，叶脉仍为绿色，以后完全失绿
锰	Mn	促进种子发育和幼苗生长，促进光合作用的蛋白质形成	症状从新生叶开始，叶片失绿，出现褐色或灰色斑点
锌	Zn	参与吲哚乙酸的合成，促进生长素的形成	小叶簇生，顶叶脉间失绿，后期黄白色，发育迟缓
硼	B	促进生殖器官发育，对传粉、开花、结实有重要作用	花而不实，蕾花果易脱落，籽粒不饱满，空壳多
钼	Mo	促进固氮和根瘤菌的活性，提高固氮能力，壮籽	植株矮小，叶片凋萎或焦枯，叶缘卷曲，叶色淡绿

二、常用肥料种类与施肥原则

（一）常见肥料种类

凡是通过施入土壤或喷洒于植物地上部分，能够直接或间接为植物提供营养物质、改良土壤、培肥地力的物质均被称为肥料，肥料有多种类型。

1.按元素分

肥料按元素，可分为大量元素肥、中量元素肥、微量元素肥和稀有元素肥。

大量元素肥：含氮、磷、钾的肥料，如尿素、磷酸二氢钾等。

中量元素肥：含钙、镁、硫的肥料，如钙镁肥等。

微量元素肥：铜肥、铁肥、锰肥、锌肥、硼肥、钼肥，如EDTA螯合微量元素肥、氨基酸螯合微量元素肥等。

稀有元素肥：即稀土元素肥。

2.按形态分

肥料按形态，可分为液体肥、粉状肥、颗粒肥、棒肥等（如图4-9~图4~12）。

3.按用法分

肥料按用法，可分为叶面肥、冲施肥、基施肥。

图4-9　棒肥

图4-10　楔形棒肥

图4-11　颗粒肥

图4-12　粉状肥

4.按持效期分

肥料按持效期，可分为速效肥、缓释肥、控释肥。

5.按功能分

肥料按功能，可分为通用肥、专用肥、功能肥（促根肥、治根腐肥、促花肥、壮果肥、越冬肥、除草肥、测土配方肥）。

6.按性质分

肥料按性质，可分为有机类功能肥料（如腐植酸肥、氨基酸肥、海藻肥等）、无机类功能肥料（如尿素、大量元素复混肥等）、微生物肥（如"活力源"生物菌肥、"卉尔秀"微生物肥等）。

（二）植物施肥原则

1.均衡施肥

应根据植物的不同生态习性、生长的土壤类型及土壤肥力状况，做到均衡施肥。一是大量元素均衡施用，使氮、磷、钾等营养元素之间保持合理平衡，二是大量元素与中微量元素均衡使用，并使所有必需元素在植物生长中保持平衡，目的是让植物生长必需的营养不缺乏。

2.有机无机混配施肥

有机肥料和无机肥料所含养分种类和含量各不相同，能互补长短；有机肥料和无机肥料的肥效快慢、长短各异，能相互称补；有机肥料和无机肥料配合施用，能培肥改土，协调土壤养分供应，促进根系生长等。表4-2列出了有机肥、无机肥料的特点。

表4-2 有机肥、无机肥料的特点

有机肥料	无机肥料
养分全面	养分相对单一
养分含量低	养分含量高
肥效缓慢	肥效迅速
含有机质，可培肥改土	无
施用量大	施用量小

三、花境植物施肥技术

（一）根据花境植物品种的需肥习性来施肥

不同种类的花境植物对肥料的要求不同。以观叶为主的植物如花叶芋、狐尾天门冬、荚果蕨、水果兰，偏重高氮高钾肥；开花植物如菊花、玫瑰、毛地黄、飞燕草、千鸟花、凤仙、鼠尾草、石竹等，在花芽分化期需施充足的磷钾肥及微量元素肥；以观果为主的植物如观赏谷子、金钱橘等，在开花期应适当控制水肥，但壮果期应施以充足的磷钾肥及微量元素肥，促进果大色艳；球根植物如百合、大花葱、朱顶红、郁金香等，应多施些钾肥，以利球根充实；香花植物如茉莉、丁香、米兰等进入开花期，多施些磷钾肥，可促进花香味浓；需要每年重剪的植物需加大氮钾肥的比例，以利于萌发新的枝条。杜鹃、栀子、绣球等喜酸性土壤的植物，用肥时忌用碳酸氢铵、硝酸钾、硝基复合肥等碱性肥料，宜施有机肥。

（二）根据季节不同施肥

春秋季节正是植物生长的旺盛季节，根、茎、叶迅速增长，以及花芽分化、幼果膨大期均需较多的肥料，应及时施肥，充足施肥；夏季气温高，水分蒸发快，又是植物生长的旺盛期，施追肥浓度宜小，次数宜多，以防烧根伤叶；冬季气温低，植物生长缓慢，大多数植物处于生长的停滞阶段，一般不施肥，或秋末冬初施入充足有机肥。

（三）根据花境植物的不同生长期施肥

花境植物栽种前施肥，应重在有机肥的补充，栽种后的花境植物从整个生育期来讲，施肥应遵循"前促、后控、中平衡、冬保护"的原则，即苗期促进营养生长，花芽分化前维持生长，花芽分化期控制旺长。

1.栽种前

栽种前施基肥，一般采用有机肥、无机肥混合施用，如每亩"4～6袋活力源+0.5～1袋雨阳"撒施土壤，翻均匀后栽种花境植物。基肥的肥效期长，且能发挥好有机肥改土、活土的作用。花境植物栽种后，为缩短恢复期，促进更快定根，常用"健致+园动力"浇灌。

2.苗期（前促）

花境植物苗期施肥应施高氮低磷高钾肥料，此阶段施肥目的是为了促进营养生长，为后期开花储存足够的营养。在用肥上，可选用雨阳（N：P：K=22：8：15）1袋/亩撒施，或"园动力+莱绿士"根部浇灌。

3.花期（后控）

花境植物花芽分化期及花期应施低氮高磷钾肥料，此阶段施肥目的是控制营养生产、促进花芽分化及孕蕾，提高成花质量。在用肥上，可选用国光润尔甲/朴绿600～800倍根部浇灌或叶面喷雾。注意：孕蕾期施肥过浓，浇水忽多忽少，极易造成落花落蕾现象。

4.复花期（中平衡）

此阶段施肥目的，一是补充前期消耗恢复长势，二是促进花芽分化再次复花，因此在修剪后先补充平衡肥促进营养生长，再补充高磷钾肥促进生殖生长。

特别注意：不管是夏眠植物还是冬眠植物，休眠期尽量不施肥。

总体来讲，为保证植物的正常生长，确保花境的观赏效果，应定期施底肥和追肥，每年应追3~4次：第一次应在春季植物开始生长后，以氮肥为主，辅以磷钾肥；第二次在开花前，以磷钾肥为主；第三次为花后修剪，先氮肥为主，再以磷钾肥为辅；第四次在冬季枝叶枯萎后，以有机肥为主。

（四）花境植物施肥六大注意事项

一是不单施氮肥。如果单施氮素化肥，会导致枝叶延长生长期，推迟开花或不开花，或花色、花香浅淡。

二是不施浓肥。肥料的浓度过大，不利于植株生长，易发生烧根、烧苗，有机液肥追肥浓度应小于5%，一般化肥施用浓度不超过0.5%，过磷酸钙追肥浓度一般为1%~2%。

三是不施生肥。未经充分腐熟的有机肥会发热，同时产生的氨等有害气体伤根，招致生蛆和发臭气，不仅有碍卫生，还影响植物生长。

四是不施热肥。夏季中午土温高，植株水分蒸发快，这时施肥易烧苗伤根。

五是不施坐肥。即栽植时不可将植物的根直接放在基肥上，而要在肥上加一层土或将肥土混匀，再栽入其中，有利于后期正常生根。

六是掌握大致的施肥原则，如黄瘦多施、萌发前多施、孕蕾多施、花后多施，苗壮少施、发芽少施、徒长不施、新栽不施、盛暑不施、休眠不施。

第三节　花境植物病虫害防治技术

一、病虫害发生与环境的关系

环境因素是影响花境病虫害发生的关键因素。花境植物种植密度，所在位置的温湿度、光照、土壤条件等都会对病虫害的发生起到直接或间接的影响。例如，湿度过高或过低、光照不足、土壤贫瘠等都可能导致植物生长不良，从而增加病虫害的发生概率。此外，花境周围环境的卫生状况也会对病虫害的传播有重要影响。

二、园艺措施对花境病虫害的影响

园艺措施在花境养护管理中扮演着至关重要的角色。合理的园艺措施不仅可以改善花境的生长环境，提高植物的抵抗力，还可有效预防和控制病虫害的发生。例如，定期修剪、施肥、浇水等园艺操作可促进植物的健康生长，增强其对病虫害的抵抗力；而清除病残叶、及时消毒等措施则可以减少病原体的滋生和传播。

三、花境植物保护的策略与方法

（一）花境植物保护的概念

广义的植物保护是指植物免受自然性敌害的方法；狭义的植物保护是指研究为害植物的病虫草鼠等有害生物的形态特征、生物学特性、发生发展规律、预测预报及防治方法的一门科学。

（二）花境植保护的内容

植物保护包括预防、诊断、治疗、监测和管理等多个方面。其中，预防是最重要的环节，包括采取生物、物理、化学等手段降低病虫害发生的可能性。诊断则是对病害、虫害等进行鉴定和分类，以便采取正确的防治措施。治疗是指针对不同的病虫害采取针对性的防治措施，如使用生物农药、化学农药或物理防治方法等。此外，加强病虫害的监测和预警也是防治工作的重要环节。通过定期巡查、观察植物的生长状况及病虫害的发生情况，及时发现并处理病虫害问题，防止其扩散和蔓延。

（三）花境植物保护的策略与方法

花境的病虫害防治，同样需要采取"预防为主，综合防控"的植保方针。尤其在设计、施工、养护等环节都要采取预防措施。

1.从设计端入手做好预防

在品种选择上，首先要全面了解植物的生态习性，充分考虑植物对光照、温度、水分、土壤等环境因素的需求，如绣球不耐强光，月季喜光喜肥沃土壤，热带花卉不耐低温，杜鹃、栀子等不耐盐碱等，设计与应用上要做到适地适花。其次，要全面了解植物的形态特征，如植物的株高、株型、花期、花色等观赏特征及养护难易、侵占性等特点，综合考虑确定花境植物品种。

2.从施工端入手做好预防

花境施工技术直接影响花境的后期养护，如地形处理影响花境的排水，土壤改良、栽植技术、种植密度等环节影响花境植物的后期生长。

3.从养护端入手做好预防

养护期，遵循"预防为主，综合防控"的植保方针，结合不同植物主要病虫害的发生规律，提前进行预防。

（1）遵循病害发生条件

低温高湿最易发生霜霉病（如春季霜霉病，云南雨季月季霜霉病）；适温高湿下灰霉病、疫病发生重（冬春严重灰霉病）；高温高湿下易发生腐霉枯萎病、褐斑病、根腐病等（如雨后大棚根腐病，夏季扦插苗根腐病等）。养护者应根据季节变化提前做好预防。

（2）遵循虫害发生规律

如早春展叶后蚜虫高发，4—5月气温回暖后介壳虫孵化产卵为害，5—6月天牛产卵刻巢，6—7月为蛴螬孵化盛期，在养护工作中以此为关键，重点进行防控。

（3）遵循"识病虫用药、适时用药、适法用药、对症用药"的防治方法

识病虫用药：要准确识别病虫害，避免药不对症。

适时用药：根据病虫害发生规律，提前做好预防及早期治疗。

适法用药：针对病虫发生的部位，从喷雾、浇灌、涂抹、注射等用药方法中选择最合适的用药方法。

对症用药：根据不同的病虫害，对症选药，选择安全、环保、高效的正品农药。

（4）安全操作

在使用化学农药时，要注意选择低毒、高效、环保的农药，并严格按照使用说明进行操作，以免对环境和人体造成危害。

总之，花境的病虫害防治是一项长期而艰巨的任务。我们需要深入了解环境与病虫害发生的关系，采取有效的措施来预防和控制病虫害的发生。只有这样，才能确保花境植物的健康生长和美丽绽放。

四、花境植物高发病害的诊断与防治技术

（一）病害防治的概念及常见病害的分类

植物由于病原物侵染或不适宜环境因素的影响，生长发育受到抑制，正常生理代谢受到干扰，组织和器官遭到破坏，导致叶、花、果等器官变色、畸形和腐烂，甚至全株死亡，这种现象称为植物病害。

根据病原的不同，植物病害分为非侵染性病害和侵染性病害。

非侵染性病害主要由土、肥、水、温、光、气等非生物因素引起的，不具有传染性，无发病中心，无病征。常见的非侵染性病害有日灼（图4-13、图4-14）、高温（图4-15、图4-16）、缺素症（图4-17、图4-18）、水涝（图4-19）、干旱（图4-20）、寒害冻害（图4-21、图4-22）等。

图4-13　火星花日灼损伤

图4-14　绣球日灼损伤

图4-15　杜鹃高温强光损伤

图4-16　海棠高温落叶

图4-17　杜鹃缺铁性黄化症

图4-18　绣球缺铁性黄化症

图4-19　石竹水涝引起叶枯

图4-20　蛇鞭菊干旱死亡

图4-21　大丽花冻害

图4-22　碰碰香冻害

　　侵染性病害又称为病理性病害，由真菌、细菌、病毒、植原体等侵染性病原引起，具有传染性，有发病中心，部分有病征。在防治上应加强早期、初期的防治，避免大面积传播后的影响。表4-3列出了花境植物病害的类别及特点。

表4-3　花境植物病害的类别及特点

病害分类		病状	病征	是否有传染性、发病中心、传播媒介
非侵染性病害		变色、坏死、腐烂、萎蔫、畸形	无	无
侵染性病害	真菌性病害	变色、坏死、腐烂、萎蔫、畸形	粉、锈、霉、粒状物	有
	细菌性病害	坏死、腐烂、萎蔫、畸形	脓状物	有
	病毒性病害	花叶、坏死、畸形	无	有
	线虫	畸形	虫体	有

（二）花境植物主要侵染性病害及防治

1.叶斑病

　　叶斑病是叶组织受局部侵染，导致各种形状斑点病害的总称。叶斑病种类很多，可因病斑的色泽、形状、大小、质地、有无轮纹的形成等因素，分为黑斑病、褐斑病、圆斑病、角斑病、斑枯病、轮斑病等种类（如图4-23～图4-32）。叶斑上往往着生有各种点粒或霉层。叶斑病普遍降低花境植物的观赏性。

　　（1）病原

　　病原为细菌、半知菌亚门及子囊菌亚门的真菌等。

　　（2）为害植物

　　为害植物有菊花、月季、绣球、玉簪、大吴风草、萱草、观赏草等。

　　（3）为害症状

　　该病主要侵染叶片，也侵染叶柄和茎等部位。叶片发病初期，出现黄色至红

图4-23 大吴风草褐斑病

图4-24 绣球褐斑病

图4-25 马鞭草黑斑病

图4-26 月季黑斑病

图4-27 萱草叶枯病

图4-28 金叶枸骨叶枯病

图4-29 朱蕉叶斑病

图4-30 蜘蛛兰红斑病

图4-31　千日红叶斑病　　　　图4-32　百日草细菌性叶斑病

褐色的小病斑，逐渐扩大成圆形、近圆形或不规则的大病斑，褐色至黑褐色。病斑中央组织变为灰褐色，轮纹明显。发病严重时，病斑相互连接，导致叶片枯萎。

（4）发病规律

以分生孢子、分生孢子盘或菌丝体在病枯枝落叶上越冬。分生孢子由风雨传播，自伤口侵入寄主组织，潜育期10天左右。夏季和秋季发病严重。高温、高湿条件是该病发生的诱因；气温和空气相对湿度升高时，病情指数也上升，一般条件下，在降雨5~10天后病情指数增高。

（5）防治措施

园艺防治：减少侵染源，秋季清除枯枝落叶等病残体，生长季节及时摘除病叶及剪除生病枝条；加强栽培管理，控制病害的发生，增施磷、钾肥，控施氮肥。

化学防治：发病前用70%甲基托布津800倍液、70%代森锌800倍液或50%多·锰锌可湿性粉剂（英纳）600倍液喷雾预防；发病后用30%苯醚甲环唑·丙环唑悬乳剂（景翠）1 500倍液，30%戊唑·吡唑醚菌酯（康圃）悬浮剂1 500倍液交替使用，一般5~7天喷1次，连喷2~3次。细菌性叶斑配合春雷霉素、喹啉铜、中生菌素等药剂对症防治。

特别说明：叶枯型病害，一般与土壤条件及根系生长状况有关，此类病害除了对症防治病菌外，改良土壤、促进根系生长、增施营养是很重要的处理对策。

2.炭疽病

炭疽病是园林植物中常见的一类病害，子实体往往呈轮状排列，在潮湿条件下病斑上有粉红色的粘孢子团出现。该病主要为害叶片，降低观赏性，有时也对嫩枝为害严重（图4-33~图4-36）。

（1）病原

病原为半知菌亚门炭疽菌属真菌。

图4-33　八角金盘炭疽病

图4-34　山茶炭疽病

图4-35　三角梅炭疽病

图4-36　天竺葵炭疽病

（2）为害植物

为害植物有山茶、栀子、兰花、梅花等。

（3）为害症状

发病初期，叶片上出现黄褐色凹陷的小斑点，逐渐扩大为暗褐色的圆形斑或椭圆形斑，大的病斑直径有几厘米。发生在叶尖及叶缘的病斑多为半圆形或不规则形，叶片上的病斑为圆形或椭圆形。病斑黑褐色，后期变为灰色或灰白色，病斑边缘红褐色。

（4）发病规律

炭疽病与早春的气温关系密切。早春寒潮会推迟炭疽病的发生，一般情况下该病5月上旬发生。春季多雨时，尤其是梅雨季节发病较重。分生孢子只有在高湿度条件下才能萌发。雨滴把土表的分生孢子滴溅到植株下部的叶片上，下部叶片往往先发病，不仅病斑多，而且病斑也大。栽植过密、通风不良、光照不足均能加重病害的发生。

（5）防治措施

园艺防治：加强栽培管理，改善环境条件，实现降湿、通风、透光的有利环境条件。

化学防治：发病前用70%甲基托布津800倍液、70%代森锌800倍液或50%多·锰锌可湿性粉剂（英纳）600倍液喷雾预防；发病后用30%苯醚甲环唑·丙环唑悬乳剂（景翠）1 500倍液，30%戊唑·吡唑醚菌酯（康圃）悬浮剂1 500倍液交替使用，一般5～7天喷1次，连喷2～3次。

3.白粉病

白粉病是花境植物中发生既普遍又严重的重要病害，据全国园林植物病害普查资料汇编，在2 722种花卉病害中，白粉病占155种，占病害总数的5.8%（图4-37～图4-46）。白粉病降低观赏性，削弱植物生长势。

图4-37 月季白粉病

图4-38 绣球白粉病

图4-39 波斯菊白粉病

图4-40 马鞭草白粉病

图4-41 向日葵白粉病

图4-42 美女樱白粉病

图4-43　百日草白粉病

图4-44　光辉岁月白粉病

图4-45　杜鹃白粉病

图4-46　大丽花白粉病

（1）病原

病原为白粉菌属、单囊壳属、内丝白粉菌属、叉丝壳属、叉丝单囊壳属等的真菌。

（2）为害植物

为害植物有波斯菊、月季、绣球、紫薇、美女樱、向日葵等。

（3）为害症状

白粉病主要为害叶片，也侵染叶柄、花器、茎干等部位。发病初期，叶片正面出现小粉斑，逐渐扩大成为近圆形白粉斑，直径4～8 mm。病重时病斑连接成片，整个组织都被满白粉层，叶片皱缩反卷，变厚，嫩梢和叶柄发病时病斑略肿大，节间缩短，花蕾被满白粉层，萎缩干枯，病轻的花蕾开出畸形花朵。

（4）发病规律

病原菌以菌丝体在芽中越冬；闭囊壳可以在枯枝、落叶上越冬。粉孢子由气流传播，生长季节有多次再侵染。

（5）防治措施

园艺防治：增加通风、透光；增施磷、钾肥，控施氮肥。

化学防治：发病后用30%苯醚甲环唑·丙环唑悬乳剂（景翠）1 500倍液、

30%戊唑·吡唑醚菌酯悬浮剂（康圃）1 500倍液、30%己唑·乙嘧酚微乳剂（景慕）1 500倍液、2%抗霉菌素水剂200倍液、10%多抗菌素1 000～1 500倍液交替使用，一般5～7天喷1次，连喷2～3次。

4. 锈病

锈病是花境植物病害中的一类常见病害。据全国园林植物病害普查资料统计，花木上有80余种锈病，叶部锈病虽然不能使植物死亡，但常造成早落叶、果实畸形，削弱生长势，降低植物经济价值及观赏价值（图4-47～图4-50）。

图4-47　蜀葵锈病

图4-48　月季锈病

图4-49　铁线莲锈病

图4-50　康乃馨锈病

（1）病原

病原为柄锈菌属、单胞锈菌属、多胞锈菌属、胶锈菌属、柱锈菌属等的真菌。

（2）为害植物

为害植物有蜀葵、康乃馨、铁线莲、海棠等。

（3）为害症状

该病主要发生在叶片和芽上。发病初期叶片上下表皮均可出现疱状小点，逐渐扩展成圆形或长条状的黄褐色病斑（夏孢子堆或锈孢子器），初生于表皮下，成熟后突破表皮散出橘红色粉末。如玫瑰锈病，生长季节末期，叶背出现大量的黑色小粉堆——冬孢子，嫩梢、叶柄、果实等部位均可受侵染，病斑明显隆起。嫩梢、叶柄上的夏孢子堆呈长椭圆形。

（4）发病规律

病原菌以菌丝体在芽内或在发病部位越冬；冬孢子在枯枝落叶上越冬。四季温暖、多雨、多露、多雾的天气，均有利于病害的发生，偏施氮肥会加重病害的发生。如玫瑰锈病，发病最适温度为18~21℃；连续2小时以上的高湿度有利于发病。

（5）防治措施

园艺措施：避免与松柏科植物混栽；避免密植，改善环境条件，加强通风透光，降低空气湿度；科学补充营养，有机肥、无机肥混合使用，补充营养，活化土壤，健壮根系，有利于增强植物抗性。

化学防治：发病初期喷雾20%三唑酮乳油1 000~1 500倍液，发病后用30%苯醚甲环唑·丙环唑悬乳剂（景翠）1 500倍液、30%戊唑·吡唑醚菌酯（康圃）悬浮剂1 500倍液交替使用，一般5~7天喷1次，连喷2~3次。

5.灰霉病

灰霉病是常见且比较难防治的一种真菌性病害，也是典型的气传病害，对花卉植物为害较大（图4-51~图4-60）。

图4-51　月季灰霉病1

图4-52　月季灰霉病2

图4-53　月季灰霉病3

图4-54　月季灰霉病4

图4-55　非洲菊灰霉病1

图4-56　非洲菊灰霉病2

图4-57　迷迭香灰霉病

图4-58　三色堇灰霉病

图4-59　天竺葵灰霉病

图4-60　万寿菊灰霉病

（1）病原

病原为半知菌亚门灰葡萄孢菌。

（2）为害植物

为害植物有月季、绣球、菊花、天竺葵等多种花卉。

（3）为害症状

灰霉病主要为害叶片、果实，也为害花及茎。叶片感染后，多从叶尖开始，病斑呈"V"字形向内扩展，为浅褐色、稍有深浅相间的轮纹，边缘逐渐变为黄色，以后叶片干枯，表面产生灰色霉层。

（4）发病规律

病原菌以分生孢子或菌核在病叶或其他病变组织内越冬，灰霉病菌最适发育温度是16～23℃（25℃以上即不利于病害传播）。相对湿度持续在90%以上病害极易发生流行。低温高湿是灰霉病发生的重要原因，此外，缺钙、多氮也能加重灰霉病的发生。

（5）防治措施

园艺措施：加强植物的通风透光；浇水应使叶片过夜时保持干燥无水；增施钙肥，控制氮肥的施用量；减少伤口的发生。

化学防治：发病后用50%异菌脲1 000～1 500倍液、50%腐霉利可湿性粉剂800倍液、50%啶酰菌胺悬浮剂1 000倍液交替使用，一般5～7天喷1次，连喷2～3次。

6.疫病（枯萎病）

（1）病原

病原为鞭毛菌亚门、卵菌纲、霜霉目、疫霉科、疫霉属的真菌。

（2）为害植物

为害植物有百合、兰花、长春花、长寿花、海棠、椒草、蟹爪兰、康乃馨、非洲菊等多种花卉。

（3）为害症状

花卉各部位都会受害，以幼嫩部分最易发病，主要出现根腐、茎基腐、茎腐、枝干溃疡、叶枯、芽腐和果腐等症状，其中根茎部受害最为严重。感染疫病的植株叶片初生暗绿色水渍状近圆形斑，迅速扩大变成褐色不规则形，有的有轮纹，病斑边缘不明显。发病后期数个病斑合并成大斑，病叶发黑，潮湿时全叶腐烂，叶柄成条状褐斑腐烂，全叶枯萎（图4-61～图4-64）。

图4-61　松果菊疫病　　　　　　　　图4-62　山桃草疫病

图4-63　玉簪疫病

图4-64　绿萝疫病

（4）发病规律

日平均气温为25～28℃时本病易发，空气相对湿度大于95%时有利于孢子产生、萌发、侵入和菌丝生长。在适温下湿度越高发病越重，一年中梅雨季节和秋雨期发病最重，连续几天下雨或台风暴雨后，病害会迅速蔓延。

（5）防治措施

园艺措施：增加植物通风透光。浇水后使叶片过夜时干燥无水；增施钙肥，控制氮肥的施用量。

化学防治：①根颈部受害型疫病，用30%精甲霜灵·噁霉灵水剂（健致）800～1 000倍液加氨基酸钙肥（跟多）800倍液喷淋防治，控制病菌，为根系补充营养，促进后期恢复。②叶部受害型疫病，用30%精甲霜灵·噁霉灵水剂（健致）800～1 000倍加氨基酸螯合微量元素肥（思它灵）800倍液叶面喷雾防治。以上药剂可作为预防和治疗用药，专防疫病及根腐病。

7.白绢病

白绢病又称为菌核性根腐病，主要发生在热带和亚热带地区，为害多种花卉（图4-65～图4-68）。

图4-65　玉簪白绢病

图4-66　铁线莲白绢病

图4-67 羽扇豆白绢病

图4-68 白绢病羽毛状菌丝体

（1）病原

病原为半知菌亚门小菌核属真菌。

（2）为害植物

为害植物有铁线莲、鲁冰花、玉簪、芍药、牡丹、凤仙花、吊兰、鸢尾、非洲菊、美天蕉、水仙、剪秋罗、风信子、郁金香、香石竹、菊、万寿菊、波斯菊、百日菊、福禄考、飞燕草、向日葵等。

（3）为害症状

病害发生于接近地表的根颈部或茎基部，初皮层变褐色坏死，在湿润的条件下，不久即产生白色羽毛状的菌丝体，并在根际土表作扇形扩展，而后产生菜籽状的菌核，初为白色，后渐变为淡黄色至黄棕色，最后成茶褐色。菌丝逐渐向下延伸至根部，引起根腐。苗木叶片逐渐发黄萎蔫，最终全株枯死。病苗容易拔起，根都皮层已腐烂，表面也有白色菌丝和菜籽状菌核。

（4）发病规律

白绢病菌是一种根部习居菌，菌丝体只能在寄主残余组织上存活，但容易形成菌核。6月上旬开始发病，7—8月气温上升至30℃左右时为发病盛期，9月末停止发病。发育的最适温度为30℃，最高约40℃，最低为10℃。高温高湿是发病的重要条件。

（5）防治措施

化学防治：栽种前加强病菌防治，用40%五氯硝基苯粉剂（三灭）或二氯异氰尿酸钠（消毒粉）对土壤提前进行杀菌处理。发病初期，可使用30%噁霉灵水剂（捍景）1 000倍液或30%精甲霜灵·噁霉灵水剂（健致）1 000倍液或噻呋酰胺浇灌。

8.根腐病

本病主要为害植物根系或根颈部，部分为害未出土的生长点（心部），是造成发病位置腐烂的病害的统称，为害状主要有根系腐烂型、根颈腐烂型以及心腐型（图4-69～图4-80）。

图4-69　牡丹立枯病

图4-70　波斯菊立枯病

图4-71　波斯菊猝倒病

图4-72　硫华菊叶枯型根腐病

图4-73　羽扇豆根腐病1

图4-74　羽扇豆根腐病2

图4-75　薰衣草根腐病1

图4-76　薰衣草根腐病2

图4-77　火炬心腐病1

图4-78　火炬心腐病2

图4-79　亚麻根腐病1

图4-80　亚麻根腐病2

（1）病原

主要有腐霉菌、丝核菌和镰刀菌及细菌性病原。

（2）为害植物

为害植物有1～2年生草本花卉如瓜叶菊、蒲包花、彩叶草、大岩桐、一串红等，球根花卉如秋海棠、唐菖蒲、鸢尾等。

（3）为害症状

该病害多发生在4—6月，因为发病时期不同，可出现4种症状类型。

烂芽型（地中腐烂型）：播种后7～10天生出胚根、胚轴时，被病菌侵染，破坏种芽组织而腐烂。

猝倒型（倒伏型）：幼苗出土后60天内，嫩茎尚未木质化，病菌自根茎处侵入，产生褐色斑点，迅速扩大呈水渍状腐烂，随后苗木倒伏。此时苗木嫩叶仍呈绿色，病部仍可向外扩展。猝倒型症状多发生在幼苗出土后的1个月内。

立枯型（根腐型）：幼苗出土60天后，苗木已木质化。在发病条件下，病菌侵入根部，引起根部皮层变色腐烂，苗木枯死且不倒伏。

茎叶腐烂型：幼苗1~3年生都可发生。幼苗出土期，若湿度过大、苗木密集或撤除覆盖物过迟，病菌侵染引起幼苗茎叶腐烂。当连雨天湿度大、苗密时，大苗也会发病。腐烂的茎、叶上常有白色丝状物，干枯茎叶上有细小颗粒状或块状菌核。

（4）发病规律

土壤湿度大、土壤带菌是诱发根腐的主要原因，病原菌可借雨水、灌溉水再侵染。

（5）防治措施

改善立地条件：适当的地形处理保证种植地不积水。

提前土壤改良：种植花境植物前改良土壤，包括改良土壤质地、酸碱度、pH值、通透性等，为植物的健康生长提供有利的环境条件。一般中性、富含有机质的肥沃土壤有利于花境植物生长。土壤改良时，可采用40%五氯硝基苯粉剂（三灭）或二氯异氰尿酸钠（消毒粉）对土壤提前进行杀菌处理。

发病预防：发病初期，可使用30%噁霉灵水剂（捍景）1 000倍液或30%精甲霜灵·噁霉灵水剂（健致）1 000倍液浇灌。针对细菌性腐烂病，可考虑用国光消毒粉撒施或秀功200～300倍液浇灌防治。

9.根癌病

植物根癌病亦称冠瘿病，在世界范围内普遍发生。该病主要发生在植物的根颈处，也可发生在主根、侧根及地上部的主干和侧枝上，感病部位产生瘤状物。由于根系受到破坏，发病轻的造成植株树势衰弱、生长缓慢、产量减少、寿命缩短，重则引起全株死亡（图4-81、图4-82）。

图4-81　月季根癌病　　　　　　　　　图4-82　樱花根癌病

（1）病原

病原为根癌土壤杆菌。

（2）为害植物

病原菌寄主范围广泛，可侵染93科331属643种高等植物，主要为双子叶植物、裸子植物及少数单子叶植物，尤以蔷薇科植物感病普遍。菊、石竹、天竺葵、樱花、桃、海棠、玫瑰、月季、蔷薇、梅、夹竹桃、银杏、罗汉松等多种植物均有不同程度的发生。

（3）为害症状

发病初期，在发病植物的根颈处，或主根、侧根及地上部的主干和侧枝上，出现膨大呈球形或扁球形的瘤状物。幼瘤初为白色，质地柔软，表面光滑。随着生长，瘤逐渐增大，质地变硬，颜色变为褐色或黑褐色，表面粗糙、龟裂，甚至溃烂。草本植物上的瘤小，木本植物及肉质根的瘤较大。发病轻的可造成植株叶色不正、树势衰弱生长迟缓、寿命缩短，发病重的可致全株死亡。

（4）发病规律

根癌病菌在肿瘤皮层内，或随破裂的肿瘤残体落入土壤中越冬，可在病瘤内或土壤病株残体上生活1年以上，若2年得不到侵染机会，细菌则失去致病力和生活力。病原菌靠灌溉水和雨水、采条、嫁接、耕作农具、地下害虫等传播。带菌苗木和植株的调运是该病远距离传播的重要途径。

（5）防治措施

严格执行检疫制度，引进或调出苗木和植株时，发现带有根癌者坚决烧毁，在出圃或外来苗木中发现可疑苗木时，应用消毒粉200倍浸1分钟栽植观察。

加强栽培管理，防止土壤板结、积水。增施有机肥，调节土壤pH值，增强树势。选择无病菌污染的土壤育苗和移植，移植时避免造成伤口，注意防治地下害虫。嫁接应避免伤口接触土壤，嫁接工具可用75%酒精或1%甲醛液消毒。

物理防治：对带菌土壤进行热处理，在阳光充足、暖和的季节里，用塑料薄膜将无菌的园地覆盖起来，砂质土壤4周，黏重土壤2个月。

化学防治：撒施消毒粉（二氯异氰尿酸钠）预防，对感病区域使用消毒粉、石硫合剂、有机铜制剂浇灌、喷雾、涂抹进行防治。

生物防治：国内目前最广泛使用的生物菌株有K84（AR）、K1026等。用放射土壤杆菌处理种子、插条、裸根苗及接穗，浸泡或喷雾处理过的材料可以有效防治根癌病，有效期可达2年。

10.根结线虫病

根结线虫为害植物的根部，通常引起寄主根部形成瘿瘤或根结，因此称为根结线虫病。根结线虫能造成根系发育受阻和腐烂，植株地上部衰弱和枯死。由根结线虫引起的虫瘿大小和形状变化很大，感染的根容易腐烂（图4-83～图4-84）。

图4-83　月季根结线虫病　　　　　图4-84　仙客来根结线虫病

（1）病原

该病由根结线虫侵染所致。

（2）为害植物

根结线虫可为害1 700多种植物，分属于114个科，包括单子叶植物、双子叶植物、草本植物和木本植物。其中常见的有月季、栀子、海棠、菊、石竹、倒挂金钟、非洲菊、唐菖蒲、木槿、绣球花、鸢尾、香豌豆、天竺葵、矮牵牛等花卉。

（3）为害症状

该病主要发生在幼嫩的支根和侧根上，小苗有时主根也可能被害。被害根上产生许多大小不等、圆形或不规则形的瘤状虫瘿，直径有的为1～2 cm，有的仅2 mm左右。初期表面光滑，淡黄色，后粗糙，色加深，肉质，剖视可见瘤内有白色稍有发亮的小粒状物，镜检可观察到梨形的雌根结线虫。病株根系吸收功能减弱，生长衰弱，叶小，发黄，易脱落或枯萎，有时会发生枝枯，严重的整株枯死。

（4）发病规律

线虫1年可发生多代，幼虫、成虫和卵都可在土壤中或病瘤内越冬。孵化不久的幼虫即离开病瘤钻入土中，在适宜的条件下侵入幼根。由于根结线虫口腔分泌的消化液通过口针的刺激作用，在刺吸点周围诱发形成数个巨形细胞，并在巨形细胞周围形成一些特殊导管，幼虫才能不断吸取营养得以生长发育，同时继续刺激周围的细胞增生，从而形成虫瘿。根结线虫一般在中性砂质土壤含水量为20%左右时活动最有利，寄主植物最容易发病。

（5）防治措施

园艺防治：加强植物检疫，防止疫区扩大；选育抗病优良品种，已发生根结线虫病的圃地应避免连作，高温结合阳光曝晒土壤杀死土表线虫，科学施肥，提高植物抗性。

化学防治：必要时用药剂对土壤进行消毒处理，土壤处理可选用淡紫拟青霉撒施，或浇灌5.7%甲氨基阿维菌素苯甲酸盐微乳剂（乐克）2 500倍液、45%丙溴磷·辛硫磷乳油（依它）1 000倍液。

11.病毒病

病毒病在花木中不仅大量存在，而且为害严重。病毒病发生后，使寄主叶色、花色异常、器官畸形、植株矮化；病重则不开花，甚至毁种（图4-85、图4-86）。

图4-85　月季病毒病　　　　　　　图4-86　山茶花病毒病

（1）病原

侵染花木的病毒种类繁多，有16个病毒群均含有花木的病毒。病毒由媒介昆虫、汁液、嫁接等方式传播，种子传毒在花卉病毒病中占有一定的比例。

（2）为害植物

为害植物有月季、百合、菊花、郁金香等。

（3）为害症状

植株感病后，叶片主要表现为深浅绿色相间的花叶或斑驳状，叶皱缩、细小，质地变脆，植株矮化、丛生，花穗变短。在大部分植物上会表现出花叶和黄叶现象。

（4）发病规律

田间残存的病株、杂草等及种子、土壤都是病毒重要的越冬场所。初侵染源为土壤中的病残株、田间带毒杂草及带毒土壤；再侵染源主要是田间发病植株和带毒杂草。病毒从机械或传播介体所造成的伤口侵入，传播介体是蚜虫、叶蝉及其他昆虫，其次是土壤中的线虫和真菌。

（5）防治措施

病毒病防治较困难，主要措施有加强检疫，繁殖无毒苗木，有病种苗进行热处理，消灭传毒昆虫，选育抗病品种等方法。

化学防治：1.8%辛菌胺醋酸盐水剂（秀功）200~300倍液、5%氨基寡糖素600~800倍液叶面喷施，用于发病前的预防和发病初期的治疗。

注意：病毒病难以治愈，重在预防。

基于花境植物的主要病害，总结其为害症状、防治措施如表4-4。

表4-4　花境植物常见病害防治措施

病害名称	为害症状	发生时期	发生条件	防治措施
叶斑病	主要为害叶片，叶片组织受病菌侵染后出现不同形状斑点。根据病斑的色泽、形状、大小、质地、有无轮纹等不同，分为黑斑病、褐斑病、圆斑病、角斑病、炭疽病、叶枯病等	3—11月均可发病，6—9月发病最重	湿度大，通风透光不良；过施氮肥或环境逆境胁迫植物抗性弱时发生最严重	改善环境条件，加强通风；发病前用70%甲基托布津800倍液和70%代森锌800倍液喷洒预防；发病后用30%苯醚甲环唑·丙环唑（景翠）悬乳剂1 500倍液、30%戊唑·吡唑醚菌酯（康圃）悬浮剂1 500倍液交替使用，一般5~7天喷1次，连喷2~3次
白粉病	主要为害叶片、嫩枝、花和花柄等，被病菌侵染的器官表面长出一层白色粉状物。患病部位易畸形，生长异常	3—11月均可发病，1年当中5—6月及9—10月发病严重；发病最适温度为15~25℃	温度适宜，湿度较大，植株生长势弱的情况有利于病害流行	改善环境条件，加强通风；发病后用30%苯醚甲环唑·丙环唑悬乳剂（景翠）1 500倍液、30%戊唑·吡唑醚菌酯悬浮剂（康圃）1 500倍液、2%抗霉菌素水剂200倍液、10%多抗菌素1 000~1 500倍液交替使用，一般5~7天喷1次，连喷2~3次
锈病	受害部位可因孢子聚集而产生不同颜色的小疱点或疱状、杯状、毛状物，有的还可在枝干上引起肿瘤、粗皮、丛枝、曲枝等症状，或造成落叶、焦梢、生长不良等现象。严重时孢子堆密集成片，植株因体内水分大量蒸发而迅速枯死	3—11月均可发病，3—4月雨水多时发病重	通风透气性差，氮肥过多，抗性差，湿度过大的情况有利于病害流行	改善环境条件，加强通风；发病后用30%苯醚甲环唑·丙环唑悬乳剂（景翠）1 500倍液、30%戊唑·吡唑醚菌酯悬浮剂（康圃）1 500倍液交替使用，一般5~7天喷1次，连喷2~3次

续表

病害名称	为害症状	发生时期	发生条件	防治措施
灰霉病	主要为害叶片、果实，也为害花及茎。叶片感染后，多从叶尖开始，病斑呈"V"字形向内扩展，为浅褐色、稍有深浅相间的轮纹，边缘逐渐变为黄色，以后叶片干枯，表面产生灰色霉层	春季、秋季发病最重；发病的最适温度是16～23℃	机械损伤或器官衰老、低温高湿是灰霉病发生的重要原因	改善环境条件，降低湿度，加强通风；发病后用50%异菌脲1 000～1 500倍液、50%腐霉利可湿性粉剂（绿青）800倍液、50%啶酰菌胺悬浮剂1 000倍液交替使用，一般5～7天喷1次，连喷2～3次
根腐病	主要为害根系，发病初期根系发黄，严重时变黑腐烂失去活性，无法吸收水分、养分，同时叶片部分开始萎蔫下垂，逐渐死亡	全年均可发生，6—9月发病最重	土壤带菌，土壤透气性差，高温高湿环境易感病	发病后，用30%精甲·噁霉灵（健致）可溶液剂1 000倍液、30%噁霉灵水剂（捍景）1 000倍交替使用，一般5～7天喷1次，连喷2～3次
白绢病	主要为害根颈，菌丝白色，绢丝状，呈扇形或放射状扩展，后集结成菌索或形成菌核。菌核初期白色至黄色，后变成茶褐色或黑褐色，菜籽状，表面光滑	6月上旬开始发病，7—8月为发病盛期，9月末停止发病。发病的最适温度为30℃，最高约40℃，最低为10℃	土壤连作带菌、土壤通透性差、根颈部受日灼胁迫伤害及高温高湿的环境条件易感病	避免连作；发现病株及时拔除与销毁，用30%精甲·噁霉灵水剂（健致）1 000倍液、30%苯醚甲环唑·丙环唑悬浮剂（景翠）1 000倍液交替使用，一般5～7天喷1次，连喷2～3次
疫病	从根开始为害植物的维管束系统，导致维管系统变褐色，受害严重时地上部分发黄干枯，甚至整株死亡	全年均可发生，6—9月发病最重	阴雨连绵，土壤积水，氮肥施用过多，偏酸性的土壤均有利于病害流行	避免连作；发现病株及时拔除并销毁，用30%精甲·噁霉灵水剂（景翠）1 000倍液、30%苯醚甲环唑·丙环唑悬浮剂（康圃）1 000倍液交替使用，并发细菌病时需使用噻唑锌、春雷霉素等药剂。一般5～7天喷1次，连喷2～3次

五、花境植物常见虫害识别与防治技术

（一）虫害防治的概念及常见害虫的分类

植物虫害防治是研究植物害虫的形态特征、发生发展规律及其防治技巧的一门科学。表4-5列出了花境植物的常见虫害类别。

表4-5　花境植物常见虫害类别

口器	害虫类别	为害部位	代表性害虫
咀嚼口器	食叶害虫	叶	夜蛾、尺蠖、叶甲等
	蛀干害虫	枝干	天牛、吉丁虫、小蠹虫、螟虫等
	地下害虫	地下	蛴螬、地老虎、蝼蛄等
刺吸式口器	刺吸式口器害虫	根、枝、叶	介壳虫、红蜘蛛、蓟马、网蝽、白粉虱、蚜虫等

（二）花境植物主要虫害及防治

1.刺吸式口器害虫

刺吸式口器害虫是花境植物害虫中较大的一个类群，主要有介壳虫、蚜虫、叶蝉、白粉虱、木虱、网蝽、蓟马、叶螨等。

主要特点：个体小、隐蔽性强、繁殖速度快、为害很重，是近年来花境养护中发生普遍而为害严重的害虫。

对花境植物会造成直接或间接的为害。直接为害主要是利用口器刺入植株叶片及茎秆吸食植株体液，造成植株叶片失绿、卷曲、虫瘿、掉叶、枝条或者茎秆干枯死亡等；间接为害则是会传播病菌、病毒，诱发煤污病，严重影响植株生长及破坏景观。

1）蚜虫类

蚜虫具有发生量大、繁殖速度快、个体小等特点，通常聚集在植物新叶及叶片背面刺吸为害（图4-87～图4-94）。

（1）主要类别

桃粉蚜、长斑蚜、秋四脉绵蚜、月季长管蚜、绵蚜、夹竹桃蚜、杭州新胸蚜、瘤蚜等。

图4-87　蚜虫为害月季

图4-88　蚜虫为害萱草

图4-89　蚜虫为害绣球

图4-90　蚜虫为害夹竹桃

图4-91　蚜虫为害婆婆纳

图4-92　蚜虫为害紫薇

图4-93　蚜虫为害马鞭草

图4-94　蚜虫为害兔尾草

（2）为害症状

花境植物受蚜虫为害后，易出现斑点、卷叶、皱缩、虫瘿、肿瘤等，枝叶变形，生长缓慢停滞，严重时落叶甚至枯死。蚜虫排泄物常诱发煤污病。蚜虫可传播病毒病害等。

（3）发生规律

蚜虫一年四季均有发生，在气温20℃左右繁殖最快。一年发生20～30代。发生高峰期为每年的3月下旬至5月中旬，春季大发生，秋季小发生。

（4）防治措施

化学防治：首选内吸性好的杀虫剂，蚜虫为害初期，12%噻嗪·高氯氟悬浮剂（立克）1 000倍液、30%吡蚜·噻虫胺悬浮剂1 500倍液、10%吡虫啉可湿性粉剂1 000倍液、50%啶虫脒1 500～2 000倍液、50%吡·杀单（甲刻）1 500～2 000倍液交替使用，一般3～7天喷1次，连喷2～3次。

2）螨虫类

螨虫属蛛形纲叶螨科，雌虫卵圆形，朱红色、铁红色或黄色，体背两侧有块状或条形深褐色斑纹。雄虫略呈菱形，淡黄色，卵圆形，淡红色或粉红色。初孵幼虫近圆形，淡红色，足3对。若螨脱皮后较幼螨稍大，椭圆形，体色较深，足4对。

（1）主要类别

朱砂叶螨、二斑叶螨等。

（2）为害症状

以吸食叶片汁液为主，受害叶片呈黄色小斑点，后逐渐扩散到全叶，造成叶片发干似火烧状，严重时枯黄脱落（图4-95～图4-104）。

（3）发生规律

每年可发生12～20代。成螨及卵寄生在杂草上越冬。翌年春，雌虫出蛰活动，并取食产卵，卵多产于叶脉两侧，高温干燥季节有利于螨虫的生长发育和大量为害。

（4）防治措施

选用10%苯丁·哒螨灵（红杀）800～1 000倍液或22%阿维·螺螨酯（圃安）1 000～1 500倍液喷雾防治，连用2～3次，间隔5～7天。若植物发黄严重需配合叶面肥一起施用。

图4-95　螨虫为害鼠尾草1

图4-96　螨虫为害鼠尾草2

图4-97 螨虫为害大丽花1

图4-98 螨虫为害大丽花2

图4-99 螨虫为害月季1

图4-100 螨虫为害月季2

图4-101 螨虫为害萱草

图4-102 螨虫为害萱草

图4-103 螨虫为害向日葵

图4-104 螨虫为害黄帝菊

3）蓟马

蓟马是昆虫纲缨翅目昆虫的统称。幼虫呈白色、黄色或橘色，成虫黄色、棕色或黑色，取食植物汁液。蓟马繁殖能力很强，个体细小，极具隐匿性。

（1）主要类别

主要类别有花蓟马、西花蓟马等。

（2）为害症状

以锉吸式口器取食植物的茎、叶、花、果，导致花瓣退色、叶片皱缩，茎和花瓣形成伤疤，最终可能使植株枯萎（图4-105～图4-112）。

图4-105　蓟马锉伤月季花蕾/嫩叶

图4-106　蓟马锉伤月季花瓣

图4-107　蓟马锉伤杜鹃

图4-108　蓟马为害满天星导致落叶

图4-109　蓟马锉伤绣球

图4-110　蓟马锉伤吸毒草

图4-111 蓟马锉伤迷迭香

图4-112 蓟马锉伤凤仙花

（3）发生规律

在南方各城市一年发生11~14代，在华北、西北地区一年发生6~8代。在20℃恒温条件下完成一代需20~25天。以成虫在枯枝落叶层、土壤表皮层中越冬。翌年4月中、下旬出现第一代。10月下旬、11月上旬进入越冬代。10月中旬成虫数量明显减少。蓟马世代重叠严重，成虫寿命春季为35天左右，夏季为20~28天，秋季为40~73天。成虫羽化后2~3天开始交配产卵，全天均进行。卵单产于花组织表皮下，每雌可产卵77~248粒，产卵历期20~50天。每年6—7月、8—9月下旬是蓟马为害高峰期。

（4）防治措施

物理防治：利用蓟马趋性蓝板诱杀。

人工防治：害虫发生初期结合修剪，剪除有虫叶片，再将叶片集中处理。

化学防治：若虫发生初期时，喷施10%虫螨腈悬浮剂1 000倍液，或25%乙基多杀菌素水分散粒剂1 000倍液，或50%吡虫·杀虫单水分散粒剂（甲刻）1 000倍液，一般5~7天喷1次，连喷2~3次。

4）白粉虱

（1）为害症状

白粉虱通常以成虫和幼虫聚集在植株叶背吸食汁液，使叶片退绿转变为黄色，及至萎蔫、畸形，甚至枯死。该虫在吸食汁液的同时排出大量蜜露及排泄物，极易发生煤污病，影响呼吸和光合作用；随后继续繁殖，形成虫源基地，在苗圃及花场中越冬，翌年温度转暖爆发为害，常造成大面积栽植植株呈现新叶萎蔫、畸形症状，最后导致整株营养流失，逐渐枯死（图4-113~图4-116）。

（2）发生规律

白粉虱一般在3月中下旬开始出现，全年由春至秋持续发生，极大概率会有世代重叠现象发生。

图4-113　白粉虱为害海棠嫩叶

图4-114　海棠煤污病

图4-115　白粉虱为害一品红嫩叶

图4-116　黄板诱杀白粉虱

（3）防治措施

物理防治：利用白粉虱趋性黄板诱杀。

化学防治：在3月上旬使用50%吡·杀单（甲刻）1 500倍兑水浇灌，可以起到很好的预防效果。喷雾防治可以使用50%啶虫脒1 500倍液，或12%虫螨腈·虱螨脲1 000倍液，或65%呋虫胺1 500倍液。

5）介壳虫

介壳虫居城市花境植物"五小害虫"之首，其形态多样，雌雄异形。雌成虫无翅，通常体壁被介壳、蜡粉、蜡块、蜡丝所覆盖，固定在植物上不动。

（1）为害特征

主要吸食植物汁液，为害植物的幼嫩部位，包括嫩枝、叶片、花芽、叶柄或幼根。受害植物长势衰弱，生长缓慢或停止，失水干枯，亦可造成花蕾脱落。其分泌的蜜露诱发的煤污病可导致叶片脱落，严重时可造成植株成片死亡（图4-117~图4-120）。

（2）发生规律

根据不同的种类和区域气候条件而定，一般1年发生1~7代，以卵或成虫在土中或茎干等处越冬，翌年春卵孵化为若虫，经过短时间爬行，营固定生活。

图4-117 介壳虫为害多肉叶片

图4-118 介壳虫为害多肉根系

图4-119 白轮盾介为害樱花

图4-120 白轮盾介为害月季

（3）防治措施

物理防治：做好秋冬季清园，对介壳虫为害严重的枝条及枯枝进行修剪后，集中处理以减少来年介壳虫的发生。

抓住最佳用药时间，最好在若虫孵化盛期用药，此时蜡质层未形成或刚形成，对药物比较敏感，用量少，防治效果更好。结合区域气候特点，对花境植物情况、介壳虫发生种类、发生时间、为害情况进行统计，并制定预防方案。

化学防治：当发生严重时，应选择对症药剂。刺吸式口器的介壳虫，应选内吸性药剂，背覆厚厚介壳（铠甲）的，应选用渗透性强的药剂；综上可选具有较强的渗透性和内吸性的药剂，如40%啶·毒（立克）1 000倍液+10%吡虫啉1 000倍液，或25%吡丙·噻嗪酮（卓圃）1 000～1 500倍液+10%吡虫啉1 000倍液在卵孵化盛期使用效果最佳，对介壳虫成虫、卵、幼虫都有很好的杀灭活性。若虫蜡质层厚，建议连用2～3次。

2.咀嚼式口器害虫

咀嚼式口器害虫分为食叶害虫、蛀干害虫、地下害虫等几大类。

1）食叶害虫

食叶害虫的种类较多，其中主要有鳞翅目害虫，鞘翅目的叶甲、金龟子，直翅目的蝗虫类，膜翅目的叶蜂类，双翅目的潜叶蝇及蜗牛、蛞蝓等软体动物。

食叶害虫主要取食植物叶肉组织、叶片、嫩枝、嫩梢，或浅食叶肉，形成孔洞、缺刻、虫道等，减少光合作用面积，增加水分蒸发，为害严重时可将叶片吃光，导致枝条或整株枯死（图4-121～图4-123）。

图4-121　食叶害虫取食成缺刻　　图4-122　食叶害虫取食成孔洞　　图4-123　食叶害虫潜叶为害

食叶害虫的为害特点为：①取食叶片，削弱树势。②大多裸露生活，虫口密度变动大。③多数种类繁殖能力强，产卵集中，易爆发成灾，并能主动迁移扩散，扩大为害的范围（图4-124～图4-129）。

图4-124　尺蠖为害金光菊

图4-125　尺蠖为害月季

图4-126　夜蛾为害万寿菊

图4-127　夜蛾为害菊花

图4-128 菜青虫为害醉蝶花

图4-129 潜叶蝇为害非洲菊

防治方法：①针对潜叶、卷叶为害的食叶害虫，应选择具有渗透性、胃毒性和内吸性的药剂，如40%啶·毒（必治）1 000倍液或12%噻嗪·高氯氟（立克）1 500倍液加上5.7%甲维盐（乐克）2 000倍液进行防治。②针对常规在叶表面取食成缺刻的食叶害虫，应选择具有胃毒性和触杀性的药剂，如可用5%高效氯氟氰菊酯（功尔）1 000倍液或12%噻嗪·高氯氟1 000倍液加上5.7%甲维盐（乐克）2 000倍液进行喷施；也可使用生物制剂1千万PIB/mL、苜蓿银纹夜蛾核型多角体病毒·2 000 IU/μL、苏云金芽孢杆菌500～800倍喷施，轮换使用。

以蜗牛、蛞蝓类害虫为例：蜗牛、蛞蝓等属于软体动物，其中为害较为严重的为福寿螺。福寿螺食量极大，其繁殖速度极快、生存能力极强，严重威胁本地生物多样性，破坏食物链的构成和原有水生生态平衡。其不仅为害水生植物，还为害各种花境植物叶片，常使植物叶片上出现缺刻。蜗牛除了造成直接为害外，还可造成间接为害，取食的伤口成为多种病菌入侵的通道，诱发各种病害发生和流行（图4-130～图4-131）。

防治方法：在幼蜗发生期或蜗牛活动猖獗时可以撒施6%四聚乙醛500～

图4-130 蜗牛为害黑心菊

图4-131 蛞蝓为害向日葵

600克/亩，施药时间应在日落后到天黑前，雨后转晴的傍晚尤佳，这是它们采食的最佳时间。避免高温施用（高于35℃勿施用），施药时均匀周到，施用到整个防虫区域。

以上仅对部分花境植物上的食叶害虫进行罗列，食叶害虫的防治要做到及时发现，及时防治，同时也要结合不同食叶害虫的为害特点进行对症用药，从而最大程度减少食叶害虫对花境植物的为害，保障观赏价值。

2）地下害虫

常见地下害虫主要有蛴螬、地老虎、蝼蛄、金针虫等。此类害虫主要为害花境植物的种子、幼苗、根系或近地面的茎秆。根系作为植物固定及吸收水分、无机盐的重要器官，当其受到害虫为害后可造成植物萎蔫、枯萎、生长不良等，严重者直接死亡。

（1）蛴螬

蛴螬是金龟子幼虫的统称，体近圆筒形，常弯曲成"C"字形。在园林系统养护工作中，不难发现蛴螬对花境植物的为害。一般在草坪、花境植物上均有蛴螬的为害，其主要取食植物的根部，造成植物死亡，在草坪上为害严重时，常常形成大面积秃斑（图4-132~图4-135）。

图4-132　蛴螬

图4-133　金龟子

图4-134　蛴螬为害芝樱

图4-135　蛴螬为害芝樱

综合防治技术：

①加强管理，合理施肥。利用幼虫怕水淹的特性，在幼虫发生盛期适时灌足水，使之水淹，可控制为害。施用基肥时必须使用充分腐熟的基肥。

②物理防治。利用成虫的趋光性，在其盛发期用黑光灯或黑绿单管双光灯诱杀成虫；利用成虫的假死性，人工摇树使成虫掉地后集中捕杀。

③化学防治。高温时选择在傍晚用药，温度低时选择在中午用药。

撒施用药：当虫口密度较大时，可使用15%毒死蜱·辛硫磷颗粒4～5 kg加细沙25～50 kg，混合拌匀后撒施1亩地左右，或3%噻虫嗪3%颗粒剂（丹功）30~50 g/m²均匀撒于土表。撒施后浇水10～15分钟，以浇透为宜，才能有效杀死幼虫。喷淋用药：在蛴螬春季幼虫期和夏末刚孵化出幼虫时，用50%吡·杀单（甲刻）1 000倍液或用40%毒·辛（土杀）800倍液+5%高效氯氟氰菊酯（功尔）1 000倍液进行喷淋，后浇水10～15分钟，以手捏土成团为宜。

（2）蝼蛄

蝼蛄为直翅目蟋蟀总科蝼蛄科昆虫的总称。蝼蛄俗名有拉拉蛄、地拉蛄、天蝼、土狗等，主要有华北蝼蛄、东方蝼蛄等种类。

蝼蛄主要以成虫、若虫咬食根部或贴近地面的幼茎，也常常为害新播和刚发芽的种子。它具有一对非常有力、呈锯齿状的开掘足，在地下来回切割草和根茎并往前爬行，拱出条条隧道，所过之处，根茎全被切断，轻则降低草坪质量，重则造成大片草坪死亡（图4-136～图4-137）。

图4-136　蝼蛄危害状　　　　　　　图4-137　草坪蝼蛄

化学防治：用40%毒·辛（土杀）800倍液+5%高效氯氟氰菊酯（功尔）1 000倍液对草坪进行喷淋，后浇水15～20分钟，以手捏土成团为宜。

基于花境植物的主要害虫，总结其为害症状、防治措施如表4-6。

表4-6　花境植物常见虫害防治措施

虫害名称	为害症状	发生时期	防治措施
介壳虫	为害叶片、嫩茎、生长点，个别为害根系。刺吸植物汁液，使叶片卷曲皱缩，生长受阻。受害严重时可致整株枯死，还能诱发煤污病及病毒病	夏、秋季均有发生	在若虫孵化盛期，12%噻嗪·高氯氟悬浮剂（立克）1 000倍液、25%吡丙·噻嗪酮悬浮剂（卓圃）1 000倍液、30%吡蚜·噻虫胺悬浮剂1 500倍液交替使用，一般5~7天喷1次，连喷2~3次
叶螨	为害叶片、花、幼嫩枝干。主要以若螨、成虫在叶背刺吸汁液为害，被害叶片叶绿素受到破坏，使叶片出现褪绿、黄点、褐斑、落叶等症状，并传播各种病原体，引起其他病毒病	夏、秋季均有发生，夏季高温干燥环境容易爆发成灾	发生初期，22%阿维·螺螨酯悬浮剂（圃安）1 500倍液、32%乙螨·螺螨酯悬浮剂1 500倍液和20%阿维·联苯肼酯悬浮剂1 500倍液交替使用，一般5~7天喷1次，连喷2~3次
蚜虫	成虫和若虫刺吸植物叶片、嫩茎的汁液，使植物出现褪绿、变黄、萎蔫，甚至干枯，并分泌蜜露导致煤污病发生	露天春、夏、秋季均有发生	发生初期，12%噻嗪·高氯氟悬浮剂（立克）1 000倍、30%吡蚜·噻虫胺悬浮剂1 500倍液、10%吡虫啉可湿性粉剂1 000倍液交替使用，一般5~7天喷1次，连喷2~3次
蓟马	成虫和若虫锉吸植株叶片及花蕾、花梗汁液，被害叶片出现斑点、条纹，花蕾变形、掉落	露天春、夏、秋季均有发生	幼虫期，喷施10%虫螨腈悬浮剂1 000倍液，或25%乙基多杀菌素水分散粒剂1 000倍液，或50%吡虫·杀虫单水分散粒剂（甲刻）1 000倍液，一般5~7天喷1次，连喷2~3次
白粉虱	为害叶片，常群集于上部嫩叶背面，刺吸汁液，致使叶片发黄、变形。同时容易诱发煤污病	露天夏、秋季发生	幼虫期，喷施12%噻嗪·高氯氟悬浮剂（立克）1 000倍、30%吡蚜·噻虫胺悬浮剂1 500倍液，交替使用，一般5~7天喷1次，连喷2~3次
尺蠖	主要为害叶片，以嫩叶为主，咬食叶片呈缺刻	露天夏、秋季发生	幼虫期，喷施12%虫螨腈·虱螨脲悬浮剂1 000倍液、12%噻嗪·高氯氟悬浮剂（立克）1 000倍液、5%高效氯氟氰菊酯微乳剂1 000倍液、5.7%甲维盐微乳剂2 000倍液，交替使用，一般5~7天喷1次，连喷2~3次
蛴螬	成虫取食花、叶，造成叶片缺刻，花朵畸形；幼虫为害植物根系，造成缺苗断垄	适温为18~23℃，春季4~5月和秋季9~10月是为害高峰期	发生初期，使用50%吡虫·杀虫单水分散粒剂（甲刻）1 000倍液、12%噻嗪·高氯氟悬浮剂（立克）1 000倍灌浇防治
蜗牛、蛞蝓	为害植物叶片，造成叶片孔洞或缺刻	露天春、夏、秋季均有发生	用6%四聚乙醛颗粒剂均匀撒施于蜗牛或蛞蝓的栖息地

第四节　花境植物生长调控技术

从国内外的经验来看，植物生长调节剂在提高花卉品质和观赏性方面作用显著、意义重大。花卉生产前端（花卉制种及种苗生产）、中端（生产端如容器苗生产）到后端（应用端如花园、花境等景观应用）都离不开植物生长调节剂的应用。植物生长调节剂在花境营建及景观维护中的应用越来越普遍。

一、植物调控技术

植物调控技术不是指某项单一技术，而是一个技术群集。广义的调控技术分为物理调控和化学调控。

物理调控又分为环境调控（水、肥、土、气、温、光的调控）和机械调控（修剪、环剥、整形、扭、拉、刻、镇压、中耕等），是花境养护常用的调控手段。

化学调控是指以应用植物生长调节剂为手段，通过改变植物内源激素系统（打破平衡、调节比值和激素水平）调节作物的生长，使其朝着人们预期的方向和目标发生变化的技术，是花境养护更高阶的调控手段。

二、植物生长调节剂的定义及分类

植物生长调节剂是指人们在了解天然植物激素的结构和作用机制后，通过人工合成、提取或发酵等方法，开发出的与植物激素具有类似生理和生物学效应的物质，用于调节植物的生长发育、开花结果，以实现促进生根、增加发芽、延长花期、增强抗性等多种生产养护目的。植物生长调节剂的分类见图4-138。

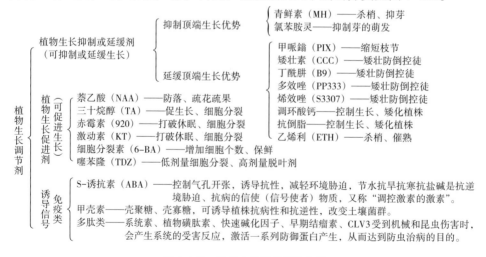

图4-138　植物生长调节剂的分类

三、植物化学调控的意义

1.解决常规手段无法解决的特殊需求

如特定时间的花期精准调控、花卉储运保鲜、延长花期、植物抗逆等（图 4-139）。

图4-139　解决特殊时期的花期调控

2.提升品质增加效益

通过系统的生长调控技术，缩短生产周期，提升品质，提高花卉商品性，增加效益等（图4-140、图4-141）。

图4-140　矮化株型，提升品质

图4-141　花展延长花期，增加效益

3.提质降成，提高景观观赏性

通过科学调控降低人工养护成本，如通过延缓生长减少花卉修剪次数，减少人工修剪；通过科学调控延长花期，延长观赏期，增加景观效益等（图4-142）。

图4-142　花境植物延长花期，提升观赏性

四、植物化学调控的作用

植物化学调控的作用见图4-143。

	休眠与萌发的	打破种子休眠，促进发芽
	化学调控	延长休眠，抑制萌发

营养生长的化学调控
- 促进营养生长
  - 促进茎叶生长
  - 促进分蘖生长
- 控制营养生长
  - 控上促下
  - 控制株高
  - 控制徒长
  - 抑制侧芽生长
- 生根的调控——促进扦插和组培的生根

生殖生长的化学调控
- 性别分化与育性的化学调控
- 开花的化学调控
- 果实生长的化学调控
  - 促进果实发育
  - 促进子粒灌浆充实
  - 抑制落花落果
  - 促进落花落果
- 成熟和衰老的化学调控

植物的化学调控的作用

品质的化学调控——改善品质，提高商品性和观赏性

逆境反应和抗性的化学调控——增强对逆境的抗性，这是现代新的科学成果

图4-143　植物化学调控的作用

五、花境植物生长调控技术

（一）促分枝技术

在养护管理中，花境植物存在自然发枝能力差、株型单薄、木本植物修剪后发芽困难及部分草花花后修剪后复花效果差等问题。在植物修剪后使用细胞分裂素（花思，2%6-苄氨基嘌呤），可有效促发侧芽、丰满冠幅（图4-144～图4-147）。此方法对花境植物复壮、花境植物修剪后促复花都有很好的效果。

表4-7为调控技术在花境植物促发侧芽、丰满冠幅中的应用。

图4-144　石竹促芽（左为用药，右为对照）

图4-145　蓝雪花促芽（左为对照，右为用药）

图4-146　绣球促芽（对照组）

图4-147　绣球促芽（用药组）

表4-7　调控技术在花境植物中的应用

花卉类型	品种	使用浓度
木本花卉	月季、水果兰、绣球	花思600倍+雨阳3 000倍+思它灵1 000倍
草本花卉	光辉岁月、金光菊等菊科花卉、石竹、柳叶马鞭草等	花思1 000倍+雨阳3 000倍+思它灵1000倍

（二）控型防倒伏

花境植物在生长过程中，不同植物生长速度差异较大，若不采用人为干预，长到一定阶段后会出现凌乱的状态，个别植株甚至出现徒长倒伏（如图4-148、图4-149）、湿度大时腐烂死亡的问题。因此在花境养护中，对生长速度过快的植物适度控型很有必要。

图4-148　肿柄菊徒长倒伏

图4-149　火星花徒长倒伏

植物生长延缓剂的应用，为控制观赏植物的株型提供了一条高效的路径。这项技术在盆栽花卉、观叶植物、绿篱、草坪、盆景中得到较为广泛的应用，同样适用于花境植物的株型控制。在植物生长过程中，规律性施用矮壮素、丁酰肼（花轶）、多效唑·甲哌鎓（矮秀）、烯效唑（爱壮）、调环酸钙等生长延缓剂，可有效延缓生长速度，降低植株高度，增加茎秆的支撑力，防倒伏，保证花境景观效果。此外，使用生长延缓剂还有促发侧枝、增加花量的作用。

图4-150～图4-157为调控技术在花境植物控型防倒伏上的应用案例。

图4-150　舞春花矮化控型

图4-151　天竺葵矮化控型

图4-152　微月矮化控型

图4-153　绣球矮化控型

图4-154　矮牵牛矮化控型

图4-155　马鞭草矮化控型

图4-156　矢车菊矮化控型

图4-157　五色梅使用矮化剂还可增加花量

（三）促开花、延花期技术

促开花、延花期技术能解决花境赛事及考评、展览等特定需求下的花期调控问题，实现特定时间内的花期精准调控，包括促进开花、延长花期及推迟开花等技术。

1.促进开花技术的应用案例展示

花境植物若需要提高观赏性、延长观赏期，观叶植物使用胺鲜脂+微量元素肥，观花植物在花蕾期使用花思（2%6-BA）、赤霉酸、芸苔素内酯等调节剂，均可达到以上目的（图4-158、图4-159）。

图4-158　金鸡菊促进开花（左图用药前，右图为用药后花量对比）

图4-159　龙船花调控开花，提早开花，增加花量（左对照右用药）

2.延长花期技术的应用案例展示

延长花期技术的应用案例展示见图4-160和图4-161。

图4-160　矮牵牛延长花期（左为清水对照组，右为处理组）

图4-161　樱花、凤仙花、绣球延长花期

3.推迟开花技术

推迟开花技术的应用案例展示见图4-162。

图4-162　矮牵牛蕾期用乙烯利推迟开花、促进营养生长

（四）抗逆

1.抗冻

极端气候频发、低温冻害、高温日灼、干旱缺水等环境胁迫会给花境植物造成极大伤害，同时还会导致病虫为害加重，影响花境植物的正常生长及观赏性（如图4-163、图4-164）。

在霜冻到来之前，对于城市绿化区域，大面积花境、花带可采取搭建风障的方式保温（如图4-165、图4-166）。

对于两年生花卉、宿根花卉、可露天越冬的球根花卉和木本植物的幼苗，可在地面覆盖干草、落叶、草席、薄膜等，直到翌年晚霜过去后去除覆盖物来防寒越冬（如图4-167）。

高大花灌木可使用国光膜护对树干进行涂白（涂白具有防日灼、防病虫的特点），后用国光保温保湿带对树体进行均匀缠绕包裹，既可避免因风沙空气湿度小而散发水分，还可提高树体温度（如图4-168）。

图4-163　低温胁迫对海桐的伤害

图4-164　低温胁迫对无刺枸骨的的伤害

图4-165　搭建风障

图4-166　覆盖保温材料

图4-167　覆盖保温材料

图4-168　树干涂白

以上是通过物理的方法来减少冬季低温对花卉的伤害。

除了物理防寒抗冻之外，使用植物生长调节剂也可显著提高植物抗性，可在寒潮冻害来临前1～2天使用抗秀（S-诱抗素）诱导植物抗性基因的表达，实现物理化学双重防护。如图4-169、图170是抗秀（S-诱抗素）在花境植物防寒抗冻中的应用案例。

图4-169　抗秀在月季上的抗低温效果
（左两盆为处理，右盆为空白对照）

图4-170　抗秀在金鱼吊兰上的抗低温效果
（左两盆为处理，右盆为空白对照）

2.抗旱

在花境植物移栽时，或遭遇干旱气温前，提前喷施抗秀（S-诱抗素），可减少叶面蒸腾失水，显著提高植物抗逆性（如图4-171、图4-172）。

图4-171　抗秀增强绣球抗旱性

图4-172　抗秀增强瓜叶菊抗旱性

第五节　第十届国际花卉博览会暨首届国际花境竞赛养护案例

现场调研 ⟶ 确定方案 ⟶
- 第一阶段：土壤改良
- 第二阶段：定植后促成活，病虫预防
- 第三阶段：养护期对症施治

一、项目背景

第十届国际花卉博览会暨首届国际花境竞赛是经中国花卉协会批准，由中国花卉协会景观分会承办的全国性花事活动，位于上海崇明岛东平国家森林公园。大赛汇聚国内26个省市64家花卉景观企业、7个科研院所和28所高校，大赛落地作品39家，共使用宿根花卉、花灌木及一二年生花卉1 000余种。

四川国光园林科技股份有限公司花卉研究所受邀为首届国际花境大赛提供全程植物养护及应用技术指导，以保证花境植物正常生长。

二、现场调研

竞赛主办方邀请行业专家就赛事活动开展进行现场指导（图4-173）。

三、养护方案

本次花境竞赛面积4 000多平方米，约计6亩（1亩=1/15公顷）地，本方案用药量按照6亩计算（图4-174）。鉴于上海的多雨环境及场地情况，土壤杀菌剂及根部防腐尤为重要。方案拟定为三个阶段（如表4-8）。

图4-173　花境专家现场调研

图4-174　首届国际花境竞赛总平面图

表4-8　首届国际花境竞赛施工及养护方案

阶段用药	时间	主要目的
第一阶段用药	土壤改良时	杀菌杀虫，改土补肥
第二阶段用药	花境植物栽种后	缩短缓苗期，促进植物尽快恢复，同时预防病虫害
第三阶段用药	养护期用药	观察养护期间植物的生长状况、病虫害情况、杂草为害情况，适合调整用药方案，维持景观效果

1.第一阶段：土壤改良

处理目的：土壤改土杀虫杀菌。

处理时间：2021年3月18日。

本阶段重点：改良土壤，提前预防土壤有害生物。

土壤改良实施方案如表4-9。

表4-9　第一阶段：土壤改良实施方案

产品名称	成分含量	作用	使用次数及方法
活力源	生物有机菌肥	补充有机质，改土抑菌	1次，以上药品混匀后撒于6亩土壤上，然后翻土使其均匀分散
三灭	40%五氯硝基苯粉剂	预防土传病菌	
甲刻	50%吡虫·杀虫单水分散粒剂	防多种害虫	
卉尔康	园林复混肥（N：P：K=18：5：7）	底肥	

（1）均匀撒施活力力源生物有机肥（有机质>40%，有效活菌0.2亿个/克）+少量复混肥料作为底肥，为植物提供营养基础（如图4-175、图4-176）。

图4-175　土壤撒施有机肥和无机肥作底肥

图4-176　土壤撒施有机肥和无机肥作底肥

（2）撒施杀虫杀菌剂，防控土壤重点有害生物，为植物健康生长提供持效保护（如图4-177）。

图4-177　第一次粗翻后撒施杀虫杀菌剂

2.第二阶段：定植后促成活，预防病虫害

处理目的：花木栽种后促恢复，预防病虫害。

处理时间：2021年4月8日。

本阶段重点：

（1）花境项目落地后促植物快速恢复状态。

（2）应对上海多雨气候，使用艾慕保持合适土壤湿度，疏掉过多水分。

定植后促成活及病虫害预防方案如表4-10，具体实施如图4-178、图4-179。

表4-10　第二阶段：定植后促成活及病虫害预防方案

产品名称	成分含量	作用	使用次数及方法
甲刻	50%吡虫·杀虫单水分散粒剂	防地下害虫、食叶害虫及刺吸式口器害虫	定根水浇灌3次，每次间隔20天（1次浇灌量：以上药剂兑水6吨浇灌6亩地）
健致	30%精甲霜灵·噁霉灵水剂	预防多雨引起的根腐	
艾慕	土壤润湿保水剂	疏导过多的水分	
园动力	含腐殖酸水溶肥料	活化土壤，补肥壮根	

图4-178　定植后促成活，预防病虫害

图4-179　定植后促成活病虫预防

3.第三阶段：养护期对症施治

处理目标：病虫害预防，控徒长。

处理时间：第一次2021年4月27日至5月1日；第二次2021年5月15日至5月20日。

养护阶段的重点：

（1）预防螨虫，前期的用药中均未用到杀螨剂，鉴于气温上升，考虑杀螨。

（2）植株控型，经过前期养护的植物已出状态，对长势快的植物适当控长。

（3）使用植调剂，延长花卉花期，使植物保持健康。

养护期对症施治方案如表4-11，具体实施如图4-180。

表4-11　第三阶段：养护期对症施治方案

产品名称	成分含量	作用	使用次数
花思	2%6-BA	延长花期，保鲜	养护期定期使用，10~15天一次
矮秀	30%多甲悬浮剂	矮化植株	
园动力	含腐殖酸水溶肥料	活化土壤，补肥壮根	
朴绿	高钾肥	抗性肥，延长花期	
圃安	22%阿维·螺螨酯悬浮剂	防治红蜘蛛	
康圃	30%戊唑·吡唑醚菌酯悬浮剂	病害统防	基于前期统防，未防治到的病虫害再处理
立克	22.8%噻虫·高氯悬浮剂	虫害统防	

图4-180 定期喷雾用药，矮化控型及保花

四、花境养护期植物生长对比

通过系统的养护，各花境作品在病虫害、生长调控、花期延长上均有明显的效果，对比如图4-181～图4-192。

图4-181 用药时（2021-04-18）

图4-182 43天后效果（2021-06-01）

图4-183 用药时（2021-04-18）

图4-184 43天后效果（2021-06-01）

图4-185 用药时（2021-04-18）

图4-186 43天后效果（2021-06-01）

图4-187 用药时（2021-04-18）

图4-188 43天后效果（2021-06-01）

图4-189 43天后效果（2021-06-01）

图4-190 养护期间，定期巡查，提供解决方案

图4-191 国光花卉所技术团队

图4-192 第十届中国花卉博览会特别支持奖

第五章　花境植物修剪与更新

花境植物修剪是花境养护中至关重要的环节，是保证花境植物更新复壮的关键技术，但是在目前的花境项目中，修剪在花境养护中的占比并不高，且水平还停留在传统花灌木的修剪上。把花境植物当花坛植物养护的情况时有发生，如花境植物花期过后靠更换植物来维续景观等。殊不知大多数花境植物是可以通过修剪来延长花期、复花复果并再次生长的。

修剪与整形是两个概念。修剪是指对植物的枝、芽、叶、花、果和根等器官进行剪截、疏除等，以达到控制生长、调整姿态、调节或延长花期、控制花量、复花复果等目的。整形是指通过修剪措施，改变植物形态以达到景观要求或栽培要求的手段。本章节所涉及的是花境植物修剪技术而不是整形技术。

要掌握花境植物的修剪技术，首先要了解花境植物的生长发育特点。以宿根花卉为主的花境植物不仅种类（含品种）繁多，而且在花境中的应用配置千变万化。

第一节　花境植物生长发育与修剪的关系

花境植物养护过程中的修剪对象主要是茎（枝）和花，要掌握花境植物的修剪技术，先了解它们的生长发育特点是很有必要的。比如，根据茎的不同生长类型进行花境植物的立面设计，根据茎的不同分枝方式进行合理修剪等。

一、茎的类型

植物体上去掉叶和芽的轴状部分称为茎，着生叶和芽的茎称为枝条。茎按照不同的生长方式分为：直立茎、缠绕茎、攀援茎、匍匐茎（如图5-1）。

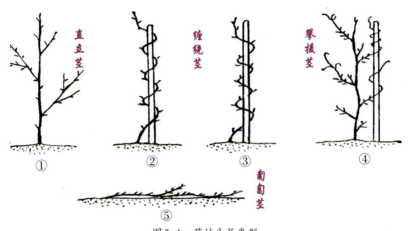

图5-1　茎的生长类型

1.直立茎

茎背地面而生，植株呈直立状态。具有直立茎的木本植物在花境中常作为骨架，而具有直立茎的草本植物是花境中极好的线型材料，如大麻叶泽兰、假蒿等。

2.缠绕茎

茎细长柔弱，不能直立，以茎本身缠绕他物上升。如紫藤、油麻藤、牵牛花、鸟萝等，根据缠绕的方式不同，分为右旋和左旋（如图5-1中的②③）。

3.攀援茎

茎细长柔弱，不能直立，以特有的结构攀援他物上升。攀援茎有4种攀援结构：卷须、气生根、叶柄、吸盘。卷须攀援的有炮仗花、葡萄、豌豆等；气生根攀援的有凌霄、常春藤、络石等；叶柄攀援的有铁线莲、旱金莲等；吸盘攀援的爬山虎。

4.匍匐茎

茎细长柔弱，平卧地面，蔓延生长，节间较长，节上生不定根和芽，芽发育为新植株。如金叶甘薯、熊猫堇、筋骨草、姬岩垂草、金叶过路黄、头花蓼等。具有匍匐茎的植物适合作为花境镶边、填充或在高处栽植垂吊欣赏，在花境中做为铺地植物时一般具有扩张性，应及时进行团块比例的控制修剪。将具有匍匐茎的植物在高处栽植垂吊造景也是不错的选择，如图5-2和图5-3中分别使用了姬岩垂草、金叶过路黄作为垂吊造景。

二、茎的分枝

植物茎的分枝类型不同，修剪方法也不同，因此掌握不同分枝类型的特点，并根据其特点进行合理的修剪至关重要。种子植物常见的分枝方式有：单轴分枝、合轴分枝、假二叉分枝。还有一种分枝方式叫二叉分枝方式，这种分枝方式

图5-2　姬岩垂草垂吊造景

图5-3　金叶过路黄垂吊造景

多见于低等植物和部分高等植物，如苔藓植物和蕨类植物等，这种分枝方式由顶端分生组织一分为二而成，是比较原始的分枝方式。这里主要介绍单轴分枝、合轴分枝和假二叉分枝。

1.单轴分枝

单轴分枝具有明显的顶端优势。顶芽不断向上生长，主干明显，主干上的侧芽能形成分枝，但各级分枝生长势由下而上依次递减，因此一般形成塔状树形，如雪松、水杉、南洋杉、蓝剑柏、蓝冰柏、香松等。

这类属于单轴分枝的植物，应注意保护顶芽的顶端优势，切忌重度修剪，一般以轻剪为主，即剪掉徒长枝、重叠枝、内膛枝、病虫枝等，以保持自然的尖塔树形（如图5-4）。

自然形态　　　　　　　常规修剪　　　　　　　过度修剪

图5-4　单轴分枝修剪示意图

2.合轴分枝

合轴分枝没有明显的顶端优势。主茎上的顶芽只活动很短的一段时间后便停止生长或形成花、花序而不再形成茎段，这时由靠近顶芽的一个腋芽代替顶芽向上生长，生长一段时间后依次被下方的一个腋芽所取代（如图5-5）。大多数阔叶植物都属于合轴分枝方式。

由于合轴分枝的腋芽可代替顶芽向上生长，修剪时可根据需要确定修剪方式（如图5-6）。但需要注意的是，针对开花乔灌木，为了不影响来年开花，要根据枝条的开花

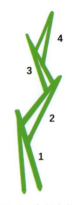

图5-5　合轴分枝式

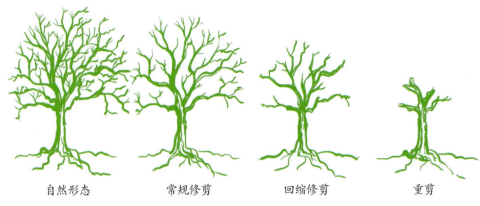

自然形态　　　　常规修剪　　　　回缩修剪　　　　重剪

图5-6　合轴分枝修剪示意图

属性来确定修剪方式，具体修剪方式在花芽分化部分进行讲解。

3.假二叉分枝

假二叉分枝是具有对生叶的植物，当顶芽停止生长或分化形成花或花序后，由其下方的一对侧芽同时发育成一对侧枝，如此重复发生所形成的分枝方式（如图5-7）。如穗花牡荆、醉鱼草、紫丁香、茉莉等。假二叉分枝的花灌木，能重复发生分枝，花后修剪顶生花序，可促进多次复花。

图5-7　假二叉分枝

三、花序类型

依开花顺序不同，可将花序分为无限花序和有限花序。

1.无限花序

无限花序指开花期间其花序轴可继续生长，不断产生新的花芽。开花顺序由下至上，或由外至里。主要类型有：总状花序、穗状花序、伞房花序、头状花序、伞形花序、肉穗花序、菜荑花序、隐头花序。

（1）总状花序。小花梗近等长，排列在花序轴的两侧（如图5-8）。代表植物有羽扇豆（图5-9）、飞燕草、毛地黄等。

（2）穗状花序。小花无梗，排列在花序轴的两侧，花序轴直立，较长，不分枝（如图5-10）。代表植物有穗花婆婆纳（图5-11）、假龙头、车前草等。

（3）伞房花序。小花梗不等长，上层短，下层长，排列在近同一平面上（如

图5-12)。代表植物有八宝景天（图5-13）、绣线菊、蔷薇科部分植物等。

（4）头状花序。无花柄，花序轴扁平，称花序盘，开花顺序从外至内（如图5-14）。代表植物有松果菊（图5-15）、金光菊、蒲棒菊、向日葵、结香等。

（5）伞形花序。花着生在花轴顶端，小花梗等长，排列呈圆顶形（如图5-16）。代表植物有百子莲（图5-17）、大花葱、紫娇花等。

（6）肉穗花序。花序轴肥厚、肉质化、粗短，无花柄（如图5-18）。代表植物有马蹄莲（图5-19）、红掌等。

（7）葇荑花序。花轴柔软，花序下垂，无花柄或具短柄，常无花被（如图5-20）。代表植物有枫杨（图5-21）、柳树等。

图5-8　总状花序

图5-9　羽扇豆的总状花序

图5-10　穗状花序

图5-11　穗花婆婆纳的穗状花序

图 5-12　伞房花序

图 5-13　八宝景天的伞房花序

图 5-14　头状花序

图 5-15　松果菊的头状花序

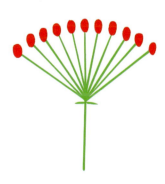

图 5-16　伞形花序

图 5-17　百子莲的伞形花序

图5-18 肉穗花序

图5-19 马蹄莲的肉穗花序

图5-20 葇荑花序

图5-21 枫杨的葇荑花序

以上无限花序类型中：

总状花序、穗状花序具有长长的花序轴，为花境中典型的线型花材，在花境中丛植有较强的序列感。花后修剪时应将整个花序轴从基部剪掉，大部分修剪后可复花。另外，这类具有长长花序轴的线型花材，花后修剪复花的花序轴往往比第一次开花的花序轴短，因此会引起花境景观立面层次的变化。

伞房花序、头状花序是花境植物中典型的团状花材，在花境中常常以水平团块的形式出现。

伞形花序是花境植物中典型的球状花植物，球状花植物在花境中具有漂浮感，因此高茎球状植物与质感细腻的观赏草套种效果较好。另外，大部分伞形花序具有长长的花梗，在花后修剪时应将整个花梗从基部剪掉，减少养分的消耗。

2.有限花序

有限花序又称为聚伞花序，花轴顶端先开花，花轴生长受限。开花顺序由上而下或由内而外。有限花序是较原始的类型，无限花序是由有限花序进化来的。

有限花序的主要类型有：单歧聚伞花序、二歧聚伞花序、多歧聚伞花序。另外，轮伞花序是有限花序的一种特殊类型，由两朵以上无柄的花聚伞状排列在茎节的叶腋内，呈轮状排列，形似总状花序。如益母草、鼠尾草等。严格来说，轮伞花序并不是一种独立的花序类型，而是聚伞花序的一种特殊排列着生形式。

（1）单歧聚伞花序

主轴顶端先生一花，然后在主轴下方形成一侧枝，同样在顶端开花，依次下去，花序轴较长，形似总状花序（如图5-22），代表植物有唐菖蒲（图5-23）。

图5-22　单歧聚伞花序　　　　　　图5-23　唐菖蒲的单歧聚伞花序

（2）二歧聚伞花序

顶花先形成，然后在其下方两侧同时发育出一对分枝。分枝再按上法继续生出顶花和分枝（如图5-24），代表植物有石竹（图5-25）。

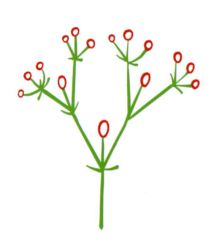

图5-24　二歧聚伞花序　　　　　　　图5-25　石竹的二歧聚伞花序

（3）多歧聚伞花序

顶花先形成，其下方同时产生3个以上的侧枝，再以此类推（如图5-26），代表植物有天竺葵（图5-27）、泽漆等。

图5-26　多歧聚伞花序　　　　　　　图5-27　天竺葵的多歧聚伞花序

单歧聚伞花序、轮伞花序，形似总状花序，是花境植物中典型的线形花材，在花境中丛植有较强的序列感。二歧聚伞花序、多歧聚伞花序是花境植物中典型的团状花材，在花境中常常以水平团块的形式出现。这类花序的植物在花后修剪时应将整个花序从基部剪掉，大多数复花效果好。

花序依花轴分枝情况，可分为简单花序（花序轴没有分枝）和复合花序（花序轴有分枝）。常见复合花序有：圆锥花序（复总状花序）、复伞形花序、复伞房花序、复穗状花序等。

在实际应用中应根据植物花序的不同形态进行花境植物的搭配，根据植物花序的生长特点进行修剪养护。

四、花芽分化

花芽分化指的是植物花原基形成，花芽各部分分化与成熟的过程。植物在一定的生理状态下经过低温或光周期诱导，且处在适宜的外界条件下才能完成花芽分化。

花芽分化有夏秋分化、冬春分化、当年分化和多次分化等类型。在花境植物的修剪养护中，掌握花芽的分化规律，根据不同分化类型进行合理的修剪至关重要。

1.夏秋分化类型

花芽分化一年一次，于每年的6—9月高温季节进行，至秋末花芽分化完成，于第二年早春开花。大多数早春开花花木均是此类型，如喷雪花、菱叶绣线菊、紫荆、贴梗海棠、桃花、梅花、榆叶梅、连翘等。另外，球根类花卉也在夏季较高温度下进行花芽分化，秋植球根花卉在夏季休眠状态下进行花芽分化，春植球根花卉则在夏季生长期进行花芽分化。

夏秋分化类型的花芽在头一年的夏季形成，第二年的早春开花，一般属于老枝开花，此类植物若需修剪，宜在春季开花后立即进行。若在秋冬季或春季开花前修剪则剪掉了已经形成的花芽，影响春季的开花数量，若在秋冬季或春季开花前进行重剪甚至不开花。

2.冬春分化类型

原产温暖地区的某些木本花卉及一些园林树种，如柑橘类植物从12月至翌年3月完成，特点是分化时间短，花芽分化与开花连续进行。

3.当年分化类型

一些当年夏秋开花的花灌木，在当年枝的新梢上或花茎顶端形成花芽，如紫薇、木槿、木芙蓉、穗花牡荆、醉鱼草等。夏秋开花的宿根花卉，基本属于当年分化类型，如萱草、菊类、鼠尾草类等。

当年分化类型的植物，常在休眠期对枝条进行重剪，促进萌发当年生枝条，忌对当年萌发的新枝进行重剪，否则易造成只长枝不开花的现象。这类植物在花后及时剪除残花，能促进反复开花。

4.多次分化类型

此种类型的植物一年中多次发枝，每次枝顶均能形成花芽并开花，如茉莉、月季、倒挂金钟、香石竹、四季桂等。这类花木在一年中可持续分化花芽，当主茎生长达一定高度时，顶端营养生长停止，花芽逐渐形成，养分即集中于顶花芽。在顶花芽形成过程中，其他花芽又继续在基部生出的侧枝上形成，如此在四季中可以开花不绝。

多次分化类型的植物在生长期内只需及时修剪残花，保证连续多次开花质量，休眠期可根据景观需要进行短截或重截。

第二节　花境植物的修剪方法

一、植物修剪的目的

在修剪操作之前，弄清楚修剪的目的很重要。修剪的目的一般包括养苗、养干、养冠、促花、促果、控型、控花等。养苗需要在生殖期及时摘花摘蕾；养干需要及时抹去侧芽，去除根蘖；养冠需要不断摘心或进行平茬重剪促发侧枝；促花需要及时修剪残花和枯枝败叶；促果需要摘蕾、环割等；控型需要疏剪、断根、短截或重剪；控花则需要在花期之前或花期进行短截等操作。

对花境植物生产而言，修剪的目的是根据市场需求对花境植物进行控型和控花，如常常进行梯度修剪。如图5-28中蓝鸟鼠尾草在5月花期进行了重剪，一方面是为了控制植株高度，一方面是进行梯度控花，满足市场的需求，图5-29为修剪后1个月的效果。如图5-30中天蓝鼠尾草基部留20～30 cm进行了重剪，目的也是控型和控花，图5-31是修剪后1个月的效果。

图5-28　进行重剪的蓝鸟鼠尾草　　　　图5-29　重剪控型之后的蓝鸟鼠尾草

在景观应用中，为了景观需求，往往也需要控型修剪，如图5-32中樱桃鼠尾草由于长势过旺，已经影响了花境的立面效果，需要对樱桃鼠尾草进行控型修剪。如图5-33所示，修剪后花境的立面层次及效果凸显。

图5-30　进行重剪的天蓝鼠尾草

图5-31　控型修剪之后的天蓝鼠尾草

图5-32　樱桃鼠尾草修剪之前

图5-33　樱桃鼠尾草修剪之后

二、植物修剪的时期

在明确修剪目的之后，还应把握准确的修剪时期，根据需求不同，一般分为营养期修剪（苗期）、花期修剪、花后修剪、休眠期修剪、春季修剪等。

营养期修剪主要对植株弱小、冠型不够丰满的植物进行摘心操作，以促进侧枝萌发，使冠型丰满；花期修剪主要对残花败叶进行修剪，以保证开花质量、延长观花期；花后修剪残花败叶主要是促进第二次开花；休眠期修剪主要是进行控型修剪，或修剪枯枝败叶预防病虫害的发生；春季修剪主要是针对冬季没修剪的植株进行及时清理，以保证景观效果和促进生长。

一般来讲，休眠期的具体修剪时间应根据当地的气候特征和植物的耐寒性来确定，抗寒力差的植物和冬季温度较低的地区，建议在春季温度稳定回升之后修剪。休眠期是植物最主要的修剪时期，休眠期修剪不及时会严重影响景观效果。

如图5-34中，除了球型骨架植物之外，其余枯萎植物都应进行修剪，以保证冬季景观的整洁性。花境景观与传统的园林植物景观是有区别的，由于景观的需要，往往对休眠期的植物进行选择性修剪，等到来年开春再根据景观需求进行修剪整理。如图5-35，图中的植物虽然在冬季已枯萎，但是为了该处的立面景观，

图5-34　需要进行休眠期修剪的公共绿地景观

图5-35　可以进行选择修剪的公共绿地景观

图5-36　冬季的'细叶'芒

直立性强的大麻叶泽兰可以待来年再修剪，只对影响景观整洁度的枯萎植物进行修剪。又如图5-36，在冬季失去绿意的'细叶'芒，花序具有特殊的质感，在冬季的花境景观中有一种自然且恣意的景观效果，这类有冬季景观效果的观赏草可以根据需要在来年开春才进行修剪。

三、植物修剪部位的确定

植物的修剪部位包括根系、茎、叶、花、果。

根系修剪主要修剪过长根、病虫根、老朽根；茎修剪主要修剪干枯枝、病虫枝、徒长枝、细弱枝、过密枝条、下垂枝、交叉枝、重叠枝等，如图5-37所示，标注了徒长枝、下垂枝、细弱枝的位置；叶片修剪主要修剪枯叶和病虫叶；花修剪主要修剪残花和残花序。

修剪花灌木的枝条时，要注意剪口的方向，剪口芽的方向就是将来延长枝的生长方向，直立生长的主干，每年所

留剪口芽位置方向应与上年剪口芽方向相反。如图5-38所示，标注了枝条内芽、外芽和剪口方向的关系。水平枝一般留上芽，不留下芽。

枝条修剪时先粗剪再细剪，剪口的斜面位于芽的对面，上端对齐，下端齐腰。剪口芽与剪口形状如图5-39所示。

花境养护中，草本花卉的花后修剪是一项重要而细致的工作，针对草本花卉的花后修剪将在后面的修剪应用中讲到。

图5-37　枝条类型

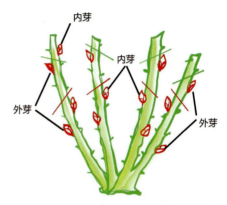

图5-38　枝条内芽、外芽和剪口方向的关系

图5-39　剪口芽与剪口形状

四、植物修剪的方法

1.摘心

摘去枝条顶端幼嫩梢尖的方法。主要用于削弱主枝的顶端优势，促进下部侧枝生长，使植株冠幅饱满。摘心一般在生长季节进行，但秋季摘心有利于植株越冬。

2.抹芽

在芽萌动展叶前后，抹去侧芽、畸形芽、并生芽和不定芽，减少养分消耗，提高成枝率或开花质量。

3.去蘖

去除植株基部附近的根蘖。

4.短截

剪掉枝条的一部分，促进剪口芽的萌发，称为短截。短截根据修剪量不同分为轻短截、中短截和重短截。如图5-40所示，短截越重，发生新梢的数量越少，但新梢越壮，轻短截加强长势的作用小于重短截。

轻短截只剪去枝梢部分，常用于促进发枝、开花、结果。应用于花境中的花灌木和宿根花卉时，主要是延长花期或促进二次开花，如醉鱼草（图5-41）、穗花牡荆、穗花婆婆纳等的花后修剪。

中短截是剪去枝条中部或中上部，其约占枝条的1/2，常用于增加中长枝和发枝量。应用于灌木时，主要目的是养冠。图5-42中菲油果进行了中短截，主要目的是增加发枝量，以养冠。应用于宿根花卉时主要目的是控型或促进二次开花。

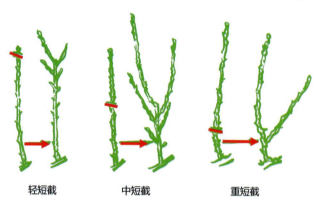

轻短截　　　　　中短截　　　　　重短截

图5-40　枝条短截示意图

图5-41　醉鱼草的花后轻短截

图5-42　菲油果的中短截控型修剪

重短截指剪去的部分大于枝条的2/3，或仅在一年生枝条基部留2~3个芽，常用于盆景的造型修剪和萌枝力强的行道树修剪，应用于传统木本植物的主要目的是整型，应用于花境中的休眠期花灌木时，主要目的是促进来年发更多花枝，使株型丰满。如花境中常用的假蒿，由于植株高大，景观有需求时常进行重剪控制高度，图5-43和图5-44是假蒿进行重剪和重剪之后的植株状态。重短截在花境景观中也可用于景观的控型调整，图5-45和图5-46是同一个景观控型修剪前后的对比，图5-45中的毛叶茴香植株体量过大导致景观比例失调，对毛叶茴香进行修剪控型后景观层次丰富且协调了。

图5-43　假蒿的重剪

图5-44　重剪之后的假蒿

图5-45　高大的毛叶茴香使景观比例失调

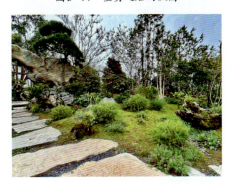

图5-46　重剪毛叶茴香后景观层次丰富而协调

5.疏剪

疏剪是从枝条基部分生处剪除过多过密枝条的方法，主要用于改善植物的通风透光条件，图5-47标注了疏剪与短截的区别。对木本植物而言，该修剪方法不会刺激产生新枝。花境景观中，常在生长期对过多过密的枝条进行疏剪，改善通风透光条件以预防病害的发生。

6.断根

断根是对植物的根状茎或匍匐茎进行切断处理。禾本科植物如日本血草、芦

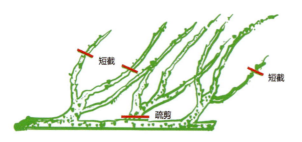

图5-47 疏剪与短截的区别

图5-48 花叶芦竹根状茎发达产生了新植株

图5-49 金叶过路黄、筋骨草、头花蓼相互侵占了对方的空间

图5-50 金叶过路黄、筋骨草、头花蓼控根修剪之后效果

苇、斑叶芒、花叶芒、花叶芦竹等易在根状茎上产生新的植株，向周围蔓延。这类植物要及时做断根处理，以免影响其他植物的生长空间。图5-48中的花叶芦竹在根状茎上产生了新植株，已经扩大了它原有的种植范围，需要及时进行断根处理。

另外，匍匐茎发达的植物，如金叶甘薯、熊猫堇、筋骨草、姬岩垂草、金叶过路黄、头花蓼等，用作花境的铺地植物时，要及时进行断根修剪，以控制团块比例大小。图5-49中金叶过路黄、头花蓼和筋骨草相互侵占了对方的空间，图5-50是断根修剪后的效果。

7. 平茬

平茬指近地面剪掉全部枝干，刺激根颈萌芽更新，主要用于培养优良主干、灌木更新复壮或部分宿根花卉的休眠期修剪。

平茬修剪也常用于提升植物的观赏效果。如南方地区的红瑞木由于温度的原因老枝呈暗紫色（图5-51），为促其萌发鲜亮的新枝，常进行平茬修剪（如图5-52）。又如花叶芦竹的新叶呈黄绿相间的花纹，因此为了景观需要，常对花叶芦竹进行平茬修剪，促其萌发明亮的新叶。

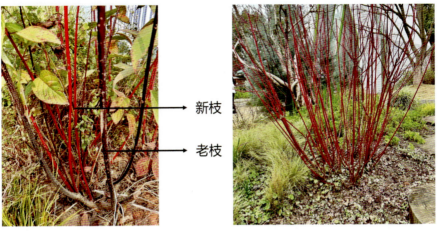

图5-51　红瑞木的新枝与老枝　　　　图5-52　平茬修剪后萌发新枝的红瑞木

第三节　修剪在花境中的应用

修剪应根据花境植物的生长习性、生长阶段、景观需求及栽培地区气候特点等，选择相应的修剪时期和修剪方法，做到因地制宜，因树（植物）修剪，因时修剪，因景修剪。

一、木本植物的修剪

花境景观中，木本植物的修剪主要是针对花灌木的修剪，在实际应用中应根据花灌木的开花习性、区域气候特点、景观需求等进行。下面以迷迭香、柳叶星河、马缨丹、圆锥绣球、'无尽夏'绣球、菱叶绣线菊的修剪为例。

在日常的养护管理中，如迷迭香和柳叶星河这类常绿的小灌木，主要是对植株进行控型修剪。这类小灌木在花境中是优良的线型植物材料，但生长达到一定阶段后，植株形态易出现散乱和倒伏的情况，如图5-53中是控型修剪后的迷迭香。图5-54是需要修剪控型的柳叶星河植株，而图5-55中是修剪控型之后的柳叶星河。可以看出控型修剪能提升这类常绿小灌木在花境中的景观效果。

另外，在实际应用时，可以根据景观需要，进行创造性地修剪造型。图5-56中的迷迭香、图5-57中的马缨丹被修剪成了质感细腻的球型，丰富了植物的景观应用形式。

针对观花为主的花灌木，一般在花期及时剪除残花枯叶，保证景观效果，特别是一些开花之后残花不能自净的花灌木，需要及时剪除残花。图5-58中的岷江蓝雪花在开花后黑褐色的花萼宿存在枝头影响景观效果，应予以剪除。

图5-53 修剪控型后的迷迭香

图5-54 株型散乱的柳叶星河

图5-55 控型修剪后的柳叶星河

图5-56 修剪成球型的迷迭香

图5-57 修剪成球型的马樱丹

图5-58 花后宿存花萼的岷江蓝雪花

花灌木休眠期的修剪则需要根据开花习性进行。以绣球为例，大花绣球（'无尽夏'系列除外）、粗齿绣球、栎叶绣球属于老枝开花，其花芽在头一年花后温度降低时开始分化，因此这类绣球建议花后及时轻剪，尽量多保留老枝，修剪时在花朵下方2~3节处找到最饱满的芽点，在饱满芽点上方1~2 cm处修剪即可。若在秋冬或春季进行重剪，则剪掉了已形成的花芽，会导致花量少或不开花的现象。

　　圆锥绣球则是属于新枝开花的类型，建议在萌芽之前进行修剪，修剪过早不利于枝条的充实，若遇低温会导致枝梢冻害。一般情况下，在当地最低气温之后、发芽之前进行修剪，修剪时去弱留强，枝条基部留1~2对芽进行重剪，促使来年植株挺拔，花大且不易倒伏。另外，圆锥绣球'香草草莓'，在早晚温差较大的地区，其花朵颜色呈渐变色，而在温差不大的情况下花朵不变色，在秋季降温缓慢的地区，可以修剪掉第一批花蕾来延迟花期，让花朵在秋季呈渐变色彩。图5-59中的'香草草莓'圆锥绣球被剪掉了第一批开花枝，在6月已经重新长出了新枝，主要目的是延迟花期。图5-60中的'香草草莓'圆锥绣球没有进行第一批开花枝的修剪，在6月已经显花蕾，此时开花由于温差不够，不能观赏其渐变色彩。

图5-59　剪掉第一批开花枝的圆锥绣球　　　　图5-60　圆锥绣球6月开花枝

　　'无尽夏'绣球属于新老枝开花的类型，但以老枝上萌发的新枝开花为主，从根上萌发的芽长成的枝条虽然长势强壮但当年不开花。图5-61标注了老枝新芽与根芽的位置关系。修剪时应根据生产或景观需求来确定修剪方式，若想来年开花早、开花量大，可以在春季萌芽之前每根枝条留2~4对芽进行中短截。在生产上，若植株侧枝少、冠幅小，为多萌发根芽，可以对植株进行平苗重剪，再对根芽萌发的新枝进行去弱留强的修剪，等待第二年开花。图5-62是每根枝条留2~4对芽进行中短截之后的春季开花效果，图5-63是进行平苗重剪之后的开花效果，可以看出中短截后开花量大、开花整齐，而进行平苗重剪之后，萌发的芽主要以根芽为主，因此开花枝少。冬季温度低的地区建议春季温度回升之后再

老枝
新芽

根芽

图5-61　'无尽夏'绣球的老枝新芽与根芽

图5-62　中短截的'无尽夏'绣球开花量

图5-63　平茬重剪的'无尽夏'绣球开花量

图5-64　枝梢嫩芽受低温冻害的'无尽夏'绣球

修剪，以免枝梢嫩芽受冻。图5-64中'无尽夏'绣球的枝梢嫩芽受到低温冻害已枯萎。另外，'无尽夏'绣球花后在枝条饱满芽点上方进行轻短截，可复花。

花灌木的修剪还要根据其花芽分化特点进行，如喷雪花、菱叶绣线菊等属于头一年的夏季进行花芽分化，第二年老枝开花的类型，需要在春季开花后立即进行修剪，若在头一年花芽分化完成之后第二年开花之前进行修剪，就剪掉了春季开花枝。如图5-65中的菱叶绣线菊在秋季被剪成球型，来年的花枝基本被剪掉了。而菱叶绣线菊应该是在春季欣赏其飘逸潇洒的花枝（如图5-66）。

图5-65　被剪成球型的菱叶绣线菊

图5-66　春季开花的菱叶绣线菊

二、宿根花卉的修剪

宿根花卉是花境的主要植物材料。宿根花卉从发芽、生长、开花、结实到休眠，有着丰富多彩的季相变化。根据宿根花卉不同生长阶段的特点进行适时修剪以保持花境的季相景观至关重要。

1.生长期花后修剪

大多数宿根花卉在花后及时修剪能复花，修剪方法、复花时间、复花次数与植物的生长习性和当地气候密切相关。

对于脚芽明显的宿根花卉一般在花后重剪，让脚芽萌发新枝继续开花，如四月夜鼠尾草、穗花婆婆纳等。图5-67中四月夜鼠尾草在花后重剪至脚芽处，如此往复可以实现全年反复开花。图5-68是穗花婆婆纳花期后的状态，图5-69是修剪至脚芽1个月之后的开花效果。对于枝条节间较长、基部着生叶片较少的宿根花卉，则需要在基部留20～30 cm进行修剪，这样更有利于重新发出新枝开花，如柳叶马鞭草等。如图5-70中，柳叶马鞭草6月底留30 cm左右进行了修剪。

图5-67　花后修剪至脚芽处的四月夜鼠尾草

图5-68　开花后该修剪的穗花婆婆纳

图5-69　修剪1个月之后的穗花婆婆纳

图5-70　花后修剪的柳叶马鞭草

图5-71　花后重剪1个月之后的蓝雾草

花后容易倒伏的宿根花卉需要及时进行重剪，如蓝雾草。图5-71中的蓝雾草在春季第一批花后基部留10 cm左右进行重剪，1个月之后的植株茂密且挺拔。

对于花后株型凌乱影响景观效果的宿根花卉应及时重剪。图5-72是荆芥花后凌乱的植株，图5-73是进行花后重剪重新长出的饱满植株，景观效果好。

2.宿根花卉的春季修剪

对于冬季温度较低的地区，大多数宿根花卉适合在春季温度回升之后进行修剪，但修剪要及时，以免影响植物的春季快速生长或影响景观效果。图5-74中的大麻叶泽兰和图5-75中的墨西哥鼠尾草在春季没有及时修剪已经影响植物生长和景观效果。

图5-72　花后植株散乱的荆芥

图5-73　重剪之后的饱满植株

图5-74　春季没及时修剪的大麻叶泽兰

图5-75　春季没及时修剪的墨西哥鼠尾草

3.具有基生叶的宿根花卉修剪

有些宿根花卉以基生叶常绿过冬，如大滨菊、蒲棒菊等，这类宿根花卉需在花后重剪至基生叶处。图5-76中大滨菊花后修剪的枝条留得过高，而图5-77中修剪至基生叶位置更有利于植株继续生长。

有些宿根花卉在花期过后即在基部长出脚芽，如墨西哥鼠尾草、山桃

图5-76　花后修剪枝条留得过高的大滨菊

草等，在冬季温度低的地区为了保护这类宿根花卉的脚芽顺利越冬，同时不严重影响景观效果的情况下，建议在春季进行修剪。图5-78中墨西哥鼠尾草在入冬之前修剪，脚芽在冬季出现了低温冻害。有些宿根花卉修剪后能快速从基部萌生脚芽，在冬季温度不太低的地区可以在秋季花期过后重剪，让脚芽枝条常绿越冬。图5-79中的大麻叶泽兰（地处成都）在秋季修剪，12月底的脚芽长势不错，图5-80是植株翌年2月底的常绿状态。

图5-77　花后修剪至基生叶位置的大滨菊

图5-78　修剪过早的墨西哥鼠尾草冬季脚芽枯萎

图5-79　秋季修剪冬季常绿的大麻叶泽兰脚芽

图5-80　秋季修剪冬季常绿的大麻叶泽兰

4.具有扩张性的宿根花卉修剪

这里的扩张性是指种子具有自播性或地下部分具有扩展性。种子具有自播性的宿根花卉应在花后及时修剪花头，避免产生大量种子，如马利筋等；地下部分具有扩展性的宿根花卉应及时进行断根处理，以达到控制团块比例的目的，如地下部分扩展能力较强的随意草（假龙头）、天目地黄、堆心菊等。图5-81中的随意草和图5-82中的天目地黄都出现了一定程度的扩张生长，应及时进行植物团块比例的控制修剪。

图5-81　向外扩张生长的随意草

图5-82　向外扩张生长的天目地黄

5.常作为一二年生栽培的宿根花卉修剪

有些宿根花卉不耐暑热，景观应用上常作为一二年生植物来栽培，如常被称作"花园三剑客"的毛地黄、羽扇豆、大花飞燕草。这类花卉具有长长的总状花序，在花后及时将残花从花梗基部剪掉能延长花期。图5-83中的羽扇豆，花后及时修剪能促进植株基部生长出更多的花序。图5-84中的'粉豹'毛地黄在花后及时修剪，在西南地区花期可延续到7月。

图5-83　羽扇豆花后及时修剪残花
能从基部长出新花枝

图5-84　花后反复修剪的'粉豹'毛地黄
能延长花期至7月

三、球根花卉的修剪

球根花卉往往都具有修长的花梗，花后的残花修剪与否，一般分两种情况。一是从球根生长的角度考虑，建议在花后及时从花梗基部剪掉残花，减少养分消耗，以促进种球的继续生长，保证来年的开花质量。图5-85中，郁金香的残花枝应及时修

图5-85　郁金香花后明显的残枝

剪，图5-86中上海辰山植物园的工人正在对鸢尾的残花进行精细修剪。二是从景观的角度考虑，若开花后花枝挺拔，不需养球且景观需要的情况下，可以不予修剪。图5-87中花期后的大花葱增加了该处景观在立面上的观赏效果。对于花后容易倒伏的球根花卉，建议及时进行重剪，如图5-88中的火星花在花后严重倒伏，而图5-89中的火星花在花后进行了重剪，在11月底挺拔的植株成了花境中良好的线型花材。

图5-86　鸢尾花后残花修剪

图5-87　大花葱花期后在鸢尾绿色叶片的衬托下同样具有景观效果

图5-88　花后严重倒伏的火星花

图5-89　花后重剪而植株挺拔的火星花

四、观赏草的修剪

观赏草具有特殊的质感和光影效果，在花境中一直是增添野趣的理想材料。但是观赏草大多数在冬季休眠，因此其在冬春季节的修剪至关重要。观赏草不能"一刀切"式地在休眠期进行全修剪，在实践应用中要根据观赏草的生长习性、景观需求和当地气候特点进行修剪。图5-90中的观赏草采用了"粗暴式"的全剪，常绿的凤凰绿苔草也被剪光了，导致整个景观在冬春季节毫无效果可言。图5-91中，路边倒伏严重的'白美人'狼尾草"偷懒式"不剪，已经影响景观效果。图5-92中，'细叶'芒在冬季被保留了枯萎的样子，带来了意想不到的景观效果。因此，观赏草采用哪种修剪方式应结合景观需求和生长习性来决定。

图5-90　休眠期被修剪的观赏草

图5-91　路边严重倒伏的'白美人'狼尾草

图5-92　冬季被保留的'细叶'芒

1.常绿型观赏草的修剪

常绿观赏草一般情况下不修剪，当株型散乱影响景观效果时需进行控型修剪。图5-93中，常绿的花叶蒲苇株型凌乱，需要进行控型修剪，而图5-94中，挺拔的花叶蒲苇是重剪控型之后的效果。有的常绿型观赏草在不同的生长阶段会呈现不同的色彩，在实际应用时可以根据需要进行选择修剪。如英

图5-93　需要控型修剪的花叶蒲苇

国'纯金啤酒'山麦冬的新叶是亮丽的黄白色，老叶会逐渐变绿，因此为保持亮丽的色彩可以对其进行修剪，图5-95是刚被修剪过的英国山麦冬，图5-96是被修剪过长出新叶的英国山麦冬，而图5-97中没有修剪过的英国山麦冬叶片以绿色为主。

图5-94　控型修剪之后的花叶蒲苇

图5-95　刚刚重剪过的英国山麦冬

图5-96　发出新叶的英国山麦冬

图5-97　没有修剪过的英国山麦冬

2.冬季休眠型观赏草的修剪

冬季休眠型观赏草的修剪方式与修剪时间，要根据景观需求、观赏草的生长

习性与当地气候特点来定。图5-98中的粉黛乱子草已经被严重踩踏，应予以修剪；而图5-99中，粉黛乱子草恰到好处地作为红叶石楠的背景，具有背景虚化的效果，建议来春发芽之前才修剪。

图5-98 被严重踩踏的粉黛乱子草

图5-99 作为背景的粉黛乱子草

　　观赏草修剪方法的确定应以景观为首要考虑因素。图5-100中的'细叶'芒在冬季留高茬修剪后完全没有了景观效果，而图5-101中的'细叶'芒整个冬季都保留了它完整的样子。另外，气候特点不同观赏草的修剪方式也不同，如图5-102中的细茎针茅在休眠期植株凌乱，应该予以修剪。若在冬季温度较低时修剪，可以如图5-103所示，留15 cm左右高度的茬，以免低温影响来年发芽；若在春季温度回升后修剪，则可以留5 cm左右的茬（如图5-104）。

图5-100 留高茬修剪的'细叶'芒

图5-101 保留植株未被修剪的'细叶'芒

图5-102 休眠期植株凌乱的细茎针茅

图5-103　留高茬修剪的细茎针茅

图5-104　平茬修剪的细茎针茅

五、时令花卉的修剪

花境中时令花卉虽然使用量不大，但在花境中有增添即时效果的重要作用，在实际应用中时令花卉常常在短暂应用后即被丢弃，其实时令花卉若修剪得当可以维持较长的景观效果。如香彩雀、超级凤仙'桑蓓斯'、石竹等，在第一批花期后，可以进行花后修剪，让其反复开花。以2024成都世界园艺博览会成都农业科技职业学院展园为例，图5-105中的香彩雀于7月中旬进行花后重剪，10月还在开花。图5-106的花境中，作为即时效果层的'桑蓓斯'超级凤仙在5月盛花，9月修剪后一直保持花期至11月底。图5-107是石竹5月初花后修剪和未修剪的对照，于花后反复修剪可延长花期至8月底（地处成都）。

图5-105　5月开花7月修剪10月还在开花的香彩雀

图5-106　5月开花9月修剪11月底
还在开花的'桑蓓斯'超级凤仙

5月初修剪6月处于盛花期　　　　未修剪

图5-107　石竹修剪前后对比

第四节　支撑与绑扎

　　花境是以种类繁多、形态各异的草本植物为主营建的景观，而草本植物不具备木质化的枝杆，因此在生长过程中经常有倒伏的情况发生。为保持花境良好的立面效果，一般对于花大、花梗长且软、花期枝条变软或花后易倒伏的植物要及时进行支撑与绑扎。图5-108中毛地黄钓钟柳花后倒伏，需要进行支撑。

图5-108　需要进行支撑的毛地黄钓钟柳

图5-109　在幼苗期支撑的蒲棒菊

图5-110　在花期支撑的蒲棒菊

一、支撑与绑扎的时间

　　植物生长初期是进行支撑与绑扎的最佳时期，当植物枝叶充分生长后可以隐藏支撑材料，呈现植物自然的生长状态。图5-109中，蒲棒菊在幼苗期就搭上了支撑架。若在发生倒伏时再临时进行支撑会影响植物的自然姿态，如图5-110中的蒲棒菊，在开花后再进行过度支撑，已经影响景观效果。另外，在浇水、雨后、大风及台风天气到来前后，应及时对出现倒伏、歪斜的植物进行扶正处理。

二、支撑与绑扎的方法

　　花境植物种类多样，支撑与绑扎的方法也有所不同，但不管采用什么方法，都要考虑美观性。一个花境作品中，同一种植物的支撑和绑缚方式应统一，同一个花境作品的支撑风格也应尽量统一。支撑与绑扎的材料应安全、牢固，应处理好绑缚材料，避免挂伤行人。目前最常用的支撑方法是铁圈支架固定法，此方法简单易操作且对景观的影响较小，支撑材料如图5-111所示。一定要根据植物的特点选择合适的规格和样式，如图5-112中金光菊选择的铁圈支架比较符合其基生叶繁茂的特点，而图5-113中蒲棒菊铁圈支架的规格和样式不太符合其生长特点，既影响了植物生长又影响了美观。

图5-112　适合金光菊的铁圈支架

图5-111　用于支撑的铁圈支架

图5-113　用于支撑蒲棒菊的铁圈支架太小

图5-114　带枝杈的竹枝支撑　图5-115　用竹竿过度支撑的蒲棒菊

在实际应用时可以就地取材，利用植物枝条等进行支撑，如用细长的树枝做成树枝网进行支撑，或选择带有枝杈的树枝进行支撑。图5-114采用了带枝杈的竹枝进行支撑，既环保又不影响景观。支撑方式和方法的选择一定以美观性为主，不能只为解决植物倒伏的问题，而破坏景观效果。图5-115中的蒲棒菊采用又长又粗壮的竹竿进行过度支撑，严重影响景观效果。

对于花朵硕大的花灌木如圆锥绣球等，可以采用铁丝网盘进行枝条固定（如图5-116）。花境中的藤蔓植物则可以用塔形的支架进行支撑，图5-117中的铁线莲。另外，植物之间相互支撑可以起到一定的防倒伏作用。图5-118中，丛植的蒲棒菊有相互支撑的作用，因此植株挺拔不倒伏。

图5-116　圆锥绣球的支撑

图5-117　铁线莲的支撑

图5-118　丛植的蒲棒菊之间相互支撑

第五节　植物更换

一、花境植物更换的原因

花境植物更换应包括植物的调整与替换。一般有以下几种情况：

（1）因栽植初期密度过大，随着植株生长而出现群体过密，影响植物生长时应及时进行抽稀调整。图5-119中大麻叶泽兰应进行抽稀调整，否则植株徒长易出现倒伏且容易滋生病虫害。

（2）花境植物休眠期出现季节性空缺，需要临时补充。图5-120的花境，中宿根花卉在冬季进入休眠期，枯萎的地上部分已被修剪，出现了景观空缺，若在重要地段，根据景观需求，可以适当补充二年生草本花卉。

（3）花境植物生命周期已过，需要替换。图5-121的花境在冬季补植了白晶菊，夏季到来，白晶菊应予替换。

（4）宿根花卉进入衰弱期或严重木质化，需要及时更新复壮。图5-122中银叶菊已木质化，植株呈现老化状态，已经不能满足景观需求，若采取修剪等复壮的方法达不到更新的目的，应予以替换。

图5-119　需抽稀调整的大麻叶泽兰

图5-120　在冬季可以补充二年生植物填补季节性空缺　　图5-121　需要替换的白晶菊

图5-122　银叶菊植株老化影响景观

图5-123　1月修剪了宿根花卉

图5-124　2月在修剪的空档区补充角堇

（5）宿根性强、生长过于旺盛的植物应予即时更新，如萱草、鸢尾和各类观赏草等可以结合分株繁殖进行植株的更新复壮和控型调整。

（6）不适应当地气候，或形态、色彩、质感等与花境主题不协调的植物，则直接进行调整和优化。

二、花境植物更换的原则

尊重花境的原有设计主题，在不改变花境景观性质的前提下，以景观需求为主，并遵循植物的生长发育规律，不影响休眠期植物的再生长和花境的正常季相更替。图5-123的混合花境，在1月宿根花卉休眠期进行了修剪；图5-124是2月的景象，此时恰到好处地在宿根花卉休眠期修剪之后的空档位置补充了冬春季节开花的角堇，角堇的花期过后，会迎来宿根花卉的生长，进入正常的季相更替。

三、花境植物更换的时间与方法

花境植物更换的时间应该根据景观需求来定，没有严格的要求。一般情况下，季节更替的时段是花境植物更换的主要时间，植株更新的时间则与该植物适宜种植的时间相近为宜。在秋冬季补充春季开花的球根花卉或二年生草本花卉，在夏季补充一年生草本花卉，在植物生长不良并影响景观时进行植物更新等。图5-125的花境处于一个重要地段的景观节点，秋冬季在花境中局部补充了洋水仙和羽衣甘蓝。图5-126中，在炎热夏季来临之前的6月，在花境中补充耐热的凤仙花和长春花等。

图5-125　秋冬季在花境中补充了洋水仙和羽衣甘蓝

四、花境植物更换表

在花境养护过程中，养护记录是一项重要的工作，其中花境的植物更换表可以详细呈现花境的季相更替与季相性维护。一

图5-126　在花境中补充耐热的凤仙花和长春花

般情况下，植物更换表可以包含以下内容：原有植物、更换植物或增加植物、更换原因、更换时间、更换之后的养护措施等。

花境养护是花境保持美观长效的有力保障之一，但需要从设计和施工端"源头"抓起，才能为后期的养护打下坚实的基础，从本质上解决花境养护问题。设计是这个"链条"的第一环节，设计端把控不好，会给花境养护带来不少"麻烦"。图5-127中铺地植物使用了翠云草，但翠云草更适合在半荫和湿润的环境下生长，在这个景观中除了树下半荫处

图5-127　没有庇荫的翠云草出现了枯黄现象

的翠云草长势良好，其余地方均出现了枯黄的情况，这不仅影响了景观效果，也给后期养护带来了挑战。因此，设计师掌握花境植物的习性至关重要，能根据花境植物的适生性进行合理搭配，是设计师应该掌握的基本技能。

总之，花境设计是花境的"灵魂"，花境施工是呈现花境"灵魂"的"技术"，花境养护是保障花境效果的"手段"，设计、施工与养护环环相扣、紧密联系，只有各环节相辅相成才能呈现完美的花境作品。

第六章　花境植物各论

花境植物是花境设计的主要对象，是花境作品的"灵魂"，设计师不懂植物，设计作品则难以落地。为方便读者特别是设计师认识和了解花境植物，并根据需求针对性地查阅及应用相关植物，本章从系统性和适用性角度对花境植物进行了分类。几点说明如下：

第一，第二章花境设计将花境植物划分为骨架植物、主调植物和填充植物三类，由于本章涉及的植物种类繁多，为了分类更清晰，特增设铺地性植物为覆盖植物，故将花境植物分为四类：骨架植物、主调植物、填充植物和覆盖植物。

第二，骨架植物、主调植物、填充植物、覆盖植物的概念是相对的，同一种植物因花境类型不同而担当的角色不同。

第三，本书花境植物界定以灌木和多年生草本植物为主，不包括大多数一二年生时令性草本花卉。

第四，花境植物种类繁多、特性各异，有因不同季节呈现不同色彩的，也有多种花色的，本章植物的色彩以植物呈现的主要色彩特征为分类依据。

第五，植物所处地区不同，其习性和物候期也不同，应用时应根据区域气候特点对植物进行甄选。

第一节　骨架植物

骨架植物一般是指点植于花境中，起到支撑和构建空间结构作用的木本植物，通常以小乔木、花灌木为主，有时也可以用高大的宿根花卉或观赏草等作为骨架植物（图6-1）。本章以株高1~4 m的小乔木、花灌木和球类灌木为主。

图6-1　骨架植物示意图和实物图

'新西兰'扁柏

Chamaecyparis lawsoniana 'ivonne'

柏科　扁柏属

【形态特征】常绿灌木。株高
50～200 cm。叶鳞形，叶色呈嫩绿色，
球花单生于短枝顶端。全年常绿。

【生长习性】喜光，耐寒性强，
露地越冬。耐干旱，不耐积水。

【花境应用】新西兰扁柏自然呈
圆锥形或塔形，树干挺拔直立（图
6-2）。在岩石花境中，可作为中高层
骨架植物，其挺拔的树形能柔化岩石
的硬朗线条，且与岩石的高低起伏相
呼应，同时为低矮的花卉和草本植物
提供背景支撑（图6-3）。新西兰扁柏
可搭配糖蜜草、火炬花等，烘托糖蜜
草叶片曲线的流畅、火炬花的挺拔鲜
艳（图6-4）。

图6-2 '新西兰'扁柏单株自然形态

图6-3 在岩石花境中作为骨架植物

图6-4 与糖蜜草、火炬花搭配

皮球柏

Chamaecyparis thyoides ‘Heatherbun’

图6-5 皮球柏自然球状株型

图6-6 皮球柏组合栽植

柏科 扁柏属

【形态特征】常绿灌木。株高30～80 cm。叶鳞形，灰绿色。球花单生于枝顶，雄球花黄色，椭圆形，常有花药。

【生长习性】喜温暖、湿润气候，喜光、耐寒，耐干旱，对土壤条件要求不严格。

【花境应用】皮球柏自然成球，全年可赏（图6-5），此形态可成为花境的视觉焦点。三五成丛组合栽植可作为前景植物（图6-6），亦可栽植于岩石或砾石花境中，与朝雾草形成形态相似、质地相称、色彩相对的景观效果（图6-7）。皮球柏也可点植独立成景（图6-8）。

图6-7 皮球柏在岩石花境中的应用

图6-8 皮球柏在花园花境中点植独立成景

澳洲朱蕉

Cordyline australis

天门冬科　朱蕉属

【形态特征】常绿灌木。株高50～150 cm。叶剑形、革质，聚生于枝端，犹如伞状，叶片终年紫红色，主茎挺拔，可全年观赏。

【生长习性】喜温暖、湿润气候，耐半阴，不耐寒，不耐旱，光照要适宜，光照过强易灼伤叶片，光线过弱则易使叶片早衰、色彩暗淡。适宜在腐叶土、砂等混合配制的肥沃、疏松的弱酸性土壤中生长，忌用碱性土壤。

【花境应用】澳洲朱蕉叶色多变，通常呈深紫色（图6-9、图6-10），可衬以石头、水景、雕塑等园林元素。于花境中可数株成丛种植，形成组团焦点。与银叶菊、鼠尾草等搭配，可形成色彩对比的视觉效果（图6-11），笔直挺拔的枝干充当骨架植物，形成形态对比的视觉效果（图6-12）。

图6-9　澳洲朱蕉形态

图6-10　澳洲朱蕉叶呈深紫色

图6-11　与银叶菊、鼠尾草等搭配

图6-12　孤植作为花境骨架植物

红瑞木

Cornus alba

图6-13　红瑞木开花状态

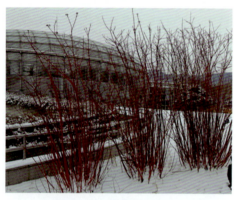

图6-14　冬季茎秆呈红色

山茱萸科　梾木属

【形态特征】落叶灌木。株高50～120 cm。树皮紫红色，老枝暗红色。叶纸质，对生，圆形或卵圆形。伞房状聚伞花序顶生，白色或浅黄色。花期6—7月，果期8—10月。

【生长习性】喜温凉、湿润气候，喜光，耐半阴，喜肥，耐干旱，耐贫瘠，耐寒性强，宜肥沃、夏季排水良好的土壤。

【花境应用】乳白色的花朵、洁白的小果，使红瑞木清新雅致（图6-13）。冬季落叶后，枝秆红艳，茎秆呈红色（图6-14）。规则式种植红瑞木，可形成屏障，起到遮挡视线、划分空间的作用，与常绿灌木、地被植物等自然式搭配，则形成四季有景的效果（图6-15）。在冬季花境中应用，可作为骨架植物，或作丛生，极具观赏特色（图6-16）。

图6-15　红瑞木在花境中的状态（夏季）

图6-16　红瑞木在花境中的状态（冬季）

蓝冰柏

Cupressus glabra 'Blue Ice'

柏科　柏木属

【形态特征】常绿乔木。株高120～250 cm。枝条紧凑，整体呈圆形或圆锥形。鳞叶蓝色或蓝绿色，雌雄同株。球花单生于枝顶。

【生长习性】喜温暖、湿润气候，喜光，耐半阴，耐寒也耐高温，耐干旱，耐贫瘠，对土壤条件要求不严格。

【花境应用】蓝冰柏呈自然塔形（图6-17），可阵列、点缀或孤植。霜蓝色的叶片与花境中其他色彩植物可形成对比，增加景观层次性（图6-18）。圆锥状的株型、紧凑的枝叶、雅致的色彩，使其在冷色调花境中成为优良的骨架植物或主景植物（图6-19）。

图6-17　蓝冰柏自然塔形

图6-18　蓝冰柏与蓝杉配置

图6-19　蓝冰柏在花境中充当骨架植物

火焰卫矛

Euonymus alatus 'Compactus'

卫矛科　卫矛属

【形态特征】落叶灌木。株高80～150 cm。树型丰满，分枝多，具栓翅。叶片椭圆形至卵圆形，有锯齿，单叶对生，春夏季为深绿色，初秋开始变为血红色或火红色，天气干旱则叶片较早出现红色。花色为浅红色或浅黄色，聚伞花序，果红色，花期5—6月，果期9—10月。

【生长习性】适应性强，喜光，耐半阴，耐寒，对土壤要求不严格。

【花境应用】火焰卫矛株型挺拔、叶片饱满（图6-20），是优良的骨架植物（图6-21）。春夏秋三季可观赏，深秋时叶色火红（图6-22），可点缀于岩石旁，夺目的红色与沉稳的岩石形成对比，成为景观焦点（图6-23）。

图6-20　火焰卫矛单株自然型

图6-21　火焰卫矛在混合化境中充当骨架植物

图6-22　组团栽植的秋季效果

图6-23　秋季在岩石花境中的效果

圆锥绣球

Hydrangea paniculata

绣球科 绣球属

【形态特征】落叶灌木或小乔。株高 60～300 cm。叶纸质，卵形或椭圆形，先端渐尖或急尖，基部圆形或阔楔形。花色有绿色、白色、粉色等。花序硕大，呈圆锥形，6—10月皆可观赏。花期7—8月。

【生长习性】喜温暖、湿润气候和半阴环境，不耐旱，不耐寒，喜肥，需水量较多，忌水涝，宜排水良好的酸性土壤。

【花境应用】'石灰灯'圆锥绣球开花初期萼片为淡绿色，盛开时逐渐变为白色，花球硕大、花色雪白（图6-24），适合做焦点植物（图6-25）；'香草草莓'圆锥绣球色彩渐变效果独特（图6-26），随花期延长，昼夜温差变大，花色会逐渐变成粉色（图6-27）。

图6-24 '石灰灯'圆锥绣球花序白色

图6-25 '石灰灯'圆锥绣球与帚枝千屈菜搭配

图6-26 '香草草莓'圆锥绣球的单株形态

图6-27 '香草草莓'圆锥绣球的花序随气温变凉变成粉色

龟甲冬青

Ilex crenata

冬青科　冬青属

【形态特征】常绿灌木。株高60～150 cm。叶互生，叶片椭圆形，革质，有光泽，新叶嫩绿色，老叶墨绿色，叶片向上凸起，似龟甲。聚伞花序，白色。

【生长习性】喜温暖、湿润、阳光充足的环境，耐半阴，稍耐寒，耐高温，耐旱性较差。喜肥沃疏松、排水良好的酸性土。

【花境应用】龟甲冬青常被修剪成球状（图6-28），其叶片小而密集，可大小组合造景（图6-29）。在花境中，可孤植，或将其与其他球型植物、宿根花卉、观赏草等相结合，丰富景观层次（图6-30），是花境中优良的骨架植物（图6-31）。

图6-28　球状龟甲冬青

图6-29　龟甲冬青球大小组合栽植

图6-30　与观赏草、宿根花卉等搭配

图6-31　与亮晶女贞球搭配作为骨架植物

'金蜀'桧

Juniperus chinensis 'Pyramidalis Aurea'

柏科　刺柏属

【形态特征】常绿乔木。株高60～250 cm。树冠塔形或圆柱形，刺形叶。针叶在春季、夏季和秋季均为亮丽的金黄色。球花单生于叶腋。

【生长习性】喜光，较耐阴，喜温凉、温暖气候及湿润土壤，耐寒，耐热，耐旱性极强，对土壤条件要求不严格，但不耐水湿。

【花境应用】'金蜀'桧叶色主体为金黄色，株型优美，自然型为塔形（图6-32），与观赏草搭配，形态与质地对比明显（图6-33）。与其他彩叶植物搭配，可丰富景观色彩和层次（图6-34）。可在花境中充当骨架植物，形成错落的立面效果（图6-35）。

图6-32　'金蜀'桧单株

图6-33　与观赏草搭配

图6-34　与其他彩叶针叶树搭配

图6-35　在花境中充当骨架植物

蓝剑柏

Juniperus formosana 'Blue Arrow'

图6-36　蓝剑柏单株形态

柏科　刺柏属

【**形态特征**】常绿乔木。株高60～250 cm。直立，整体呈剑形。叶刺形或鳞形，叶色呈霜蓝色，刺叶通常三叶轮生，稀交叉对生；鳞叶交叉对生，稀三叶轮生，菱形。球花单生于短枝顶端。

【**生长习性**】喜光，耐半阴，耐热，耐寒性强，耐干旱，耐积水。对土壤条件要求不严格。

【**花境应用**】自然形态为竖线条，整体剑形，蓝绿色彩高雅别致（图6-36），可在冷色调花境中充当骨架植物，或作为主景植物（图6-37）。与其他色彩鲜艳的花卉或灌木搭配，可突出其独特的形态和色彩（图6-38）。因其挺拔的形态和流畅的线条，蓝剑柏作骨架植物时可营造动态的韵律感（图6-39）。

图6-37　蓝剑柏在灌木花境中作为骨架植物

图6-38　与大花葱、细茎针茅等植物搭配

图6-39　作为花境的骨架植物表达韵律

'蓝色天堂'落基山圆柏

Juniperus scopulorum 'Blue Heaven'

柏科　刺柏属

【形态特征】常绿乔木。株高60～250 cm。叶刺形，叶色呈明亮的金属蓝灰色。球花单生于短枝顶端。

【生长习性】喜光，耐半阴，在全日照至50%耐阴范围内都能正常生长。耐寒性强，短期耐干旱，不耐积水。对土壤条件要求不严格。

【花境应用】'蓝色天堂'落基山圆柏株型直立，整体呈塔形或剑形（图6-40）。叶色蓝灰，宜作为全年观赏的骨架植物或主景植物（图6-41）。因树形整齐、枝叶茂密，可以作为花境的背景植物（图6-42），在旱溪花境中作为骨架植物（图6-43）。

图6-40　自然呈塔形

图6-41　作为花境的骨架植物

图6-42　作为混色花境的背景植物

图6-43　在旱溪花境中作为骨架植物

亮晶女贞

Ligustrum sinense 'Sunshine'

图6-44 塔形、球形混合搭配

图6-45 塔形列植作为花境的骨架植物

木犀科 女贞属

【形态特征】常绿灌木。株高60～250 cm。叶子革质，卵形或椭圆状卵形至长椭圆形，全缘，新叶金黄色，老叶黄绿色至绿色。花朵小而密集，簇生于枝顶，呈白色或淡黄色。花期5—6月。

【生长习性】喜温暖、湿润气候，喜光，耐半阴，耐寒，耐水湿，但避免积水。病虫害较少，萌芽力强，耐修剪，对土壤的要求不严格。

【花境应用】亮晶女贞可修剪成塔形或球形（图6-44）。塔形亮晶女贞可作规则式列植（图6-45），也可搭配其他形态和色彩丰富的植物，形成层次丰富、色彩多样的花境景观（图6-46）。塔形亮晶女贞成为花境背景植物，球形亮晶女贞基础种植，棒棒糖状亮晶女贞点缀于花境中，可形成形态各异的景观效果（图6-47）。

图6-46 与其他形态和色彩丰富的植物搭配

图6-47 塔形、球形、棒棒糖状亮晶女贞在花境中的应用

香冠柏（香松）

Cupressus macroglossus

柏科　柏木属

【形态特征】常绿灌木。株高60～120 cm。叶鳞形，交叉对生，叶色随季节变化，冬季金黄色，春秋两季浅黄色，夏季呈浅绿色，因此又名金冠柏。因枝叶会散发特殊的香气，又名香松。

【生长习性】喜温暖、湿润气候，喜光，耐半阴，稍耐寒、较不耐干旱，对土壤的要求不严格。

【花境应用】香冠柏自然成塔形（图6-48），塔形香冠柏与低矮的灌木、草本植物等搭配使用，可增加花境的层次（图6-49）。作为骨架植物，香冠柏挺拔的形态使花境灵动（图6-50）。其亮丽的黄色易形成韵律主线，实现视觉的连贯性和节奏感（图6-51）。

图6-48　自然呈塔形

图6-49　在花境中作为背景植物

图6-50　作为骨架植物，使花境灵动

图6-51　亮丽黄色成为花境的韵律主线

新西兰亚麻
Phormium tenax

图6-52　新西兰亚麻自然株型

图6-53　与开白色花的植物形成对比

阿福花科　麻兰属

【形态特征】常绿草本。株高60～150 cm。剑形，叶基生，绿色或蓝绿色，具红色条纹。圆锥花序，花冠暗红色，花期6—8月。

【生长习性】喜温暖，喜光，不耐寒，耐高温，耐短期干旱，耐瘠薄，喜疏松肥沃、排水良好的土壤。

【花境应用】新西兰亚麻多变的叶色、高低的形态，具有热带花园风格（图6-52）。与白花或黄花植物搭配（图6-53、图6-54），可形成对比色调，效果突出。充当骨架植物或作为主景植物时，其叶色、姿态与其他植物既形成对比，又能和谐统一，景观效果饱满（图6-55）。

图6-54　叶片色彩与其他植物形成对比

图6-55　在花境中充当骨架植物

蓝杉

Picea pungens

松科 云杉属

【形态特征】常绿乔木。株高60~350 cm。叶幼时柔软,簇生,之后尖或钝,较硬。叶色呈蓝色、蓝绿色。球花卵圆形,单生,个大且呈黄绿色,聚生于新枝顶端。

【生长习性】喜凉爽、湿润气候,喜光,稍耐阴,喜排水良好的酸性土壤。

【花境应用】蓝杉以独特的塔形、迷人的叶色,成为优良骨架植物或主景植物(图6-56、图6-57)。在岩石花境中,以蓝杉为主景植物,滨菊为中景植物,林荫鼠尾草为前景植物,三者错落有致、色彩相得益彰(图6-58)。作为背景植物与蓝盆花搭配,形成色彩呼应、形态对比的良好景观效果(图6-59)。

图6-56 单一品种种植作为主景植物

图6-57 自然呈塔形

图6-58 在岩石花境中与滨菊、林荫鼠尾草搭配

图6-59 作为背景植物与蓝盆花呼应

彩叶杞柳

Salix integra 'Hakuro Nishiki'

杨柳科 柳属

【形态特征】落叶灌木。株高60~250 cm。叶近对生或对生，椭圆状长圆形，春天新叶先端粉白色，基部黄绿色密布白色斑点，随着时间推移，叶色变为黄绿色带粉白色斑点。花先叶开放，苞片倒卵形，褐色至近黑色。花期5—6月，果期6—7月。

【生长习性】喜光，稍耐阴，耐寒性强，喜水湿，耐干旱，对土壤要求不高。

【花境应用】彩叶杞柳春季新叶呈粉白透红的色彩（图6-60），植株高大挺拔，枝条柔软而舒展，使其在花境中能够形成明显的层次感（图6-61）。彩叶杞柳可单独种植在花境的中心，成为花境的视觉焦点（图6-62）。或作为背景植物，与多种植物进行搭配，增加景观的多样性和观赏性（图6-63）。

图6-60　彩叶杞柳春季新叶粉白透红

图6-61　植株高大挺拔，颜色亮丽脱俗

图6-62　种植在花境中心，成为视觉焦点

图6-63　作为背景植物，衬托观花植物

菱叶绣线菊

Spiraea × vanhouttei

蔷薇科　绣线菊属

【**形态特征**】落叶灌木。株高60～200 cm。叶片棱形或圆形至扁椭圆形，缘有锯齿，表面暗绿色，背面蓝绿色。花瓣近圆形，白色，花期5—6月。

【**生长习性**】喜光，耐寒，耐旱，怕涝。生命力很强，可生长于土层较薄、土质贫瘠的杂木丛、砾石间。

【**花境应用**】菱叶绣线菊植株繁茂，自然成簇（图6-64）；'黄金喷泉'菱叶绣线菊新叶金黄色（图6-65），花朵白色，数量众多，枝条拱形弯曲下垂，盛开时如喷泉倾泻（图6-66），孤植时，可成为景观焦点（图6-67）。

图6-64　菱叶绣线菊的自然株型

图6-65　'黄金喷泉'菱叶绣线菊新叶金黄色

图6-66　'黄金喷泉'菱叶绣线菊新叶花盛时的状态

图6-67　孤植作为焦点植物

水果蓝
Teucrium fruticans

图6-68 修整成球形

图6-69 自然状态下与山桃草、紫菀搭配

唇形科　石蚕属

【形态特征】常绿灌木。株高30～80 cm。小枝四棱形，全株被白色绒毛，叶对生，卵圆形，全年呈蓝灰色。轮伞花序，于茎及短分枝上部排列成假穗状花序，花瓣浅蓝色或紫色，花期5—6月。

【生长习性】喜光，稍耐阴，耐寒，耐旱，耐瘠薄，适应性强。对土壤要求不严格。

【花境应用】水果兰叶色独特，花量大，全年皆可赏。常修剪成球形（图6-68），蓝灰色在花境中极具典雅效果（图6-69）。水果蓝亦可搭配石头，打造旱溪花境（图6-70）。或在蓝灰色系花境中充当骨架植物或主景植物（图6-71）。

图6-70 在旱溪花境中与石头搭配

图6-71 在混合花境中作为骨架植物

中华木绣球

Viburnum macrocephalum

忍冬科　荚蒾属

【形态特征】落叶灌木。株高 150～300 cm。单叶对生为卵形或椭圆形，前端稍钝，基部圆形，边缘细锯齿，下面有稀疏星状毛。聚伞花序白色。花期 4—5 月。

【生长习性】喜光，耐半阴，耐寒，耐旱，喜湿润、肥沃的土壤。

【花境应用】中华木绣球优雅大气，花朵成团绽放于枝头（图 6-72）。形态和色彩都能与其他植物形成对比或调和（图 6-73），可作为花境骨架植物或主景植物（图 6-74），与红枫等观叶植物搭配，色彩鲜明亮丽（图 6-75）。

图 6-72　中华木绣球开花状态

图 6-73　与鸢尾及观赏草等搭配

图 6-74　在花境中作为骨架植物

图 6-75　绿叶白花与红枫叶色形成对比

锦带

Weigela florida

忍冬科　锦带花属

【形态特征】 落叶灌木。株高50～200 cm。叶矩圆形、椭圆形或卵状椭圆形，顶端渐尖，边缘有锯齿，脉上毛较密，具短柄或无柄。花单生或成聚伞花序生于侧生短枝的叶腋或枝顶，萼筒长圆柱形，花冠紫红色或玫瑰红色，花期4—6月。

【生长习性】 喜光，较耐阴，适应性强，能在温暖地区生长，也能在寒冷地区越冬。

【花境应用】 锦带种类多样，'红王子'锦带花冠玫瑰红色或鲜红色，花朵密集而艳丽（图6-76）；'紫叶'锦带叶色鲜明，花为紫红色或紫粉色（图6-77）；'花叶'锦带叶缘有金边（图6-78）；'金叶'锦带叶色金黄（图6-79）。路缘配置'花叶'锦带与荆芥，可形成黄与蓝的对比色景观（图6-80）。锦带枝条开展，在花境中可充当骨架植物或作主景植物，宜搭配株型紧凑、分枝性好的植物，如蓝花莸，形成丰富的层次感和立体感（图6-81）。'紫叶'锦带叶色浓厚，能与其他植物形成对比（图6-82）。

图6-76　'红王子'锦带开花状态

图6-77　'紫叶'锦带开花状态

图6-78　'花叶'锦带叶片带明显金边

图6-80　'花叶'锦带与荆芥搭配

图6-79　'金叶'锦带叶片呈金黄色

图6-81　作为骨架植物，与蓝花莸等搭配

图6-82　'紫叶'锦带的叶色浓厚

第二节　主调植物

主调查植物指在花境中呈现主要色彩、主题风格的植物。通常以颜色、株型、质感等有较高观赏价值的宿根花卉、观赏草或低矮的花灌木为主，在花境色彩上起到主导作用。

主调植物一般在某个季节有一定特殊性和主调性，可当作伏笔应用，以丰富花境的季相景观，常作为骨架植物和填充植物的过渡。这里的主调植物指形态挺拔，在花境中能与其他植物形成强烈对比、打破单调立面效果、形成视觉焦点的植物（图6-83）。

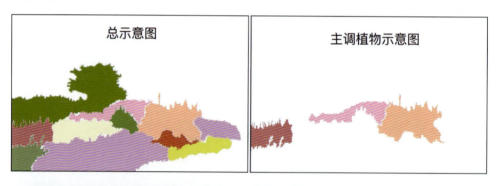

图6-83　主调植物示意图和实物图

莨力花

Acanthus mollis

图6-84　莨力花花序

图6-85　莨力花全株

爵床科　老鼠簕属

【形态特征】多年生草本。株高80～120 cm。叶对生，羽状分裂或浅裂。花序穗状，顶生，苞片大，小花多数，白色至褐红色，形似鸭嘴。花期6—7月。

【生长习性】喜阴湿环境，稍耐寒，喜肥沃、疏松、排水良好的中性至微酸性土壤。

【花境应用】莨力花的花序紫白相间（图6-84），具有深绿色、大而有光泽的叶片和波浪状叶缘（图6-85），点缀于岩石旁，线条感极强（图6-86）。在花境设计中，应充分发挥莨力花的竖线条花序特性，使其形成韵律感（图6-87）。

图6-86　与岩石搭配

图6-87　莨力花竖线条花序在花境中具有韵律感

须芒草

Andropogon virginicus

禾本科　须芒草属

【形态特征】多年生草本。株高50～80 cm。基生叶成丛，窄椭圆形。头状花序，小总苞倒圆锥形，花冠蓝紫色。花期8—10月。

【生长习性】喜光，疏松肥沃、排水良好的砂壤土为佳。

【花境应用】须芒草叶片线形或狭线形，总状花序纤细（图6-88）。与低矮的地被植物或灌木搭配，可形成高低错落、层次分明的景观效果（图6-89）。新优品种叶片蓝色愈加突出（图6-90），高大的花序和密集的叶片，让须芒草在众多植物中成为焦点（图6-91）。

图6-88　须芒草全株

图6-89　在观赏草花境中的应用

图6-90　新优品种叶色更蓝

图6-91　在新自然主义花境中的应用

百子莲
Agapanthus africanus

石蒜科　百子莲属

【**形态特征**】多年生草本。株高 60～120 cm。叶线状披针形或带形，近革质。伞形花序，花漏斗状，花蓝色。花期6—8月。

【**生长习性**】喜温暖、湿润阳光充足环境，稍耐阴，耐寒，要求疏松、肥沃的砂壤土。

【**花境应用**】百子莲鲜艳的花朵、丰满的花序，为花境设计提供了丰富的视觉元素（图6-92）。其挺拔的姿态与细茎针茅搭配，形成形态、色彩、质感上的鲜明对比（图6-93）。与白色百日草套种，形成丰富的植物群落（图6-94）。百子莲与紫色蛇鞭菊搭配可营造出独特的效果（图6-95）。

图6-92　百子莲花头

图6-93　与细茎针茅形成对比

图6-94　与白色百日草套种

图6-95　与紫色蛇鞭菊等搭配

藿香

Agastache rugosa

唇形科 藿香属

【形态特征】多年生草本。株高 60～120 cm。叶心状卵形至长圆状披针形，先端尾状长渐尖，基部心形，稀截形，边缘具粗齿，纸质。轮伞花序多花，花冠淡紫蓝色。

【生长习性】喜光，喜高温，不耐阴，不耐旱，怕积水。对土壤要求不严，以土层深厚肥沃而疏松的砂壤土或壤土为佳。

【花境应用】藿香种类繁多，'黑爵士'藿香拥有直立的深紫色穗状花序，花期为6—8月，花量巨大且花期长（图6-96）。'黑爵士'藿香的紫花可以与桔梗的蓝色及蛇鞭菊的紫色、假龙头的粉色等形成对比或呼应，共同营造出丰富多变的色彩效果（图6-97）。'金色庆典'藿香的叶片呈金黄至黄绿色，叶面偏皱，其花序为穗状花序，花色为蓝紫色（图6-98）。'金色庆典'藿香的穗状花序、柳叶白菀的摇曳花枝及火星花的密集花朵各具特色，可以相互补充，共同构成层次分明的植物景观，既丰富了植物景观的形态多样性，又提升了整体的观赏效果（图6-99）。'雪山'藿香花色奶白偏绿或纯白色，花序密集（图6-100）。其绿叶、白花与美国薄荷的浓艳花朵形成鲜明的色彩对比，共同营造出一种清新而富有层次感的植物景观（图6-101）。

图6-96 '黑爵士'藿香绿叶紫花

图6-97　与桔梗、蛇鞭菊、假龙头等搭配

图6-98　'金色庆典'藿香金叶蓝花

图6-99　与金光菊、柳叶白菀等搭配

图6-100　'雪山'藿香绿叶白花

图6-101　与美国薄荷等搭配

丝兰

Yucca flaccida

天门冬科 丝兰属

【形态特征】多年生草本。株高60~120 cm。叶刚直，肉质，剑形，初被白霜，后渐脱落而呈深蓝绿色。圆锥花序，花黄绿色。花期7—10月。

【生长习性】适应性较强，耐旱、怕涝，宜疏松、排水良好、地下水位低而肥沃的砂壤土。

【花境应用】金边硬质丝兰的植株高度适中，叶片挺拔且密集，可点植为中景（图6-102）。金边软质丝兰的叶片呈剑形，柔软而先端下垂，叶片边缘有多条白丝（图6-103）。丝兰质感独特，适宜作花境的焦点植物（图6-104），其以优雅细长的叶片，在花境中形成自然的线性韵律（图6-105）。两种丝兰混种，硬质丝兰作为背景植物，为景观提供稳定的支撑，软质丝兰为前景植物，柔软下垂的姿态为景观增添柔美（图6-106）。

图6-102　金边硬质丝兰全株

图6-103　金边软质丝兰全株

图6-104　作为花境的焦点植物，质感独特

图6-105　作为花境的韵律植物

图6-106　两种质感丝兰混合种植，形成对比

大花葱

Allium giganteum

石蒜科　葱属

【形态特征】多年生草本。株高 60～120 cm。叶呈宽线形至披针形，绿色。花葶高大，伞形花序呈球状，小花数百朵，花紫色。花期5—6月。

【生长习性】喜光，喜凉爽，耐寒，不耐热，喜肥沃、疏松、排水良好的砂壤土。

【花境应用】大花葱花序球状，顶生，小花紫色星状（图6-107）。花后依旧保持球状花序（图6-108）。将大花葱与细茎针茅搭配，形成绿色与金黄色，轻盈与稳重的交融（图6-109）。与'蓝色忧伤'荆芥搭配，能营造深浅不同的蓝色系主

图6-107　大花葱盛开的状态

图6-108　大花葱花败后的状态

图6-109　与细茎针茅搭配

题花境（图6-110）。以大花葱球状花序与独尾草的穗状线性花序相互搭配，可营造生动有趣的景观（图6-111）。大花葱与玉簪（图6-112）、林荫鼠尾草（图6-113）、蓝白色系的花卉（图6-114）均能构建出各具特色、清新雅致的景观效果。

图6-110　与'蓝色忧伤'荆芥搭配

图6-111　与独尾草混合种植，形成对比

图6-112　与玉簪等阔叶型植物搭配

图6-113　与林荫鼠尾草等竖线条植物搭配

图6-114　与蓝白色系花卉搭配

虾夷葱

Allium schoenoprasum

石蒜科　葱属

【形态特征】多年生草本。株高30～40 cm。叶呈尖细长中空圆柱状，呈丛生状。花被片卵形，花丝等长，花紫色。花期4—6月。

【生长习性】喜光，耐寒，露地越冬，喜冷凉气候，宜肥沃深厚土壤。

【花境应用】片植虾夷葱可形成花海效果（图6-115）。其低矮形态与花叶芒的高挑形态错落有致，伞形花序与花叶芒线性叶片互补而具立体感（图6-116）。在岩石花境中，以色调低沉的石头为衬托，虾夷葱的紫色花与绿叶对比鲜明，花境整体更显雅致（6-117）。在草甸花境中，虾夷葱可与多种花卉和谐搭配，使其成簇生长的特性饱满而立体（图6-118）。

图6-115　虾夷葱片植时的开花状态

图6-116　与'花叶'芒等搭配

图6-117　在岩石花境中的应用

图6-118　在草甸花境中的应用

'千禧'山韭

Allium senescens 'Qianxi'

石蒜科　葱属

【形态特征】多年生草本。株高30~40 cm。叶狭条形至宽条形，肥厚，基部近半圆柱状。伞形花序半球状至近球状，具多而稍密集的花，花紫色。花期7—9月。

【生长习性】喜光，宜排水良好的土壤，露地越冬。

【花境应用】片植'千禧'山韭可形成绿意盎然、色彩斑斓的景观（图6-119）。伞形花序上的小花星形，呈白色、淡紫色或紫红色（图6-120），以其动态之美，可烘托景石的静态之美（图6-121）。山韭的紫色花朵自带浪漫气息，宜衬于绿色丛中，可营造清新脱俗、浪漫唯美的氛围（图6-122）。

图6-119　'千禧'山韭片植效果

图6-120　'千禧'山韭全株

图6-121　在旱溪花境中与景石搭配

图6-122　紫花在绿色中脱颖而出

落新妇

Astilbe chinensis

虎耳草科　落新妇属

【形态特征】多年生草本。株高40～80 cm。基生叶二至三回三出复叶，完整小叶呈披针形。圆锥花序密被褐色卷曲长柔毛，花密集。花期5—6月。

【生长习性】喜半阴，在湿润的环境下生长良好。性强健，耐寒，对土壤适应性较强。

【花境应用】落新妇花序蓬松而繁茂，白色、粉色、紫色等花色多样，于水边能营造出梦幻般色彩效果（图6-123）。林下片植落新妇，可丰富单调的林下空间（图6-124）。白色落新妇纯洁而优雅（图6-125），能作为中性色，与多种颜色和谐搭配（图6-126）。

图6-123　不同花色落新妇水边片植

图6-124　落新妇林下片植开花效果

图6-125　白色落新妇全株

图6-126　白色花落新妇与其他植物混合式种植

药水苏
Betonica officinalis

唇形科　药水苏属

【形态特征】多年生草本。株高 40～60 cm。基生叶具长柄，宽卵圆形，先端钝，基部深心形。轮伞花序，多花，密集成紧密的长圆形穗状花序，花冠紫色。花期5—6月。

【生长习性】喜光，喜温，耐旱。对土壤要求不严格，较耐碱性土壤，宜肥沃、疏松、含腐殖质多的土壤。

【花境应用】药水苏茎直立且具条纹，密被微疏柔毛（图6-127），基生叶密集（图6-128）。利用药水苏、美国薄荷和赛菊芋等植物的不同高度和形态可营造出丰富的花境层次（图6-129）。与千屈菜搭配，和谐统一，为花境增添一份独特的韵味（图6-130）。

图6-127　药水苏全株

图6-128　药水苏叶丛

图6-129　与美国薄荷、赛菊芋等搭配

图6-130　与千屈菜颜色呼应

'火尾'抱茎蓼

Bistorta amplexicaulis 'Firetail'

图6-131　深红色的花序

图6-132　片植时花穗如火

蓼科　拳参属

【形态特征】多年生草本。株高40～60 cm。基生叶卵形，顶端长渐尖，基部心形，边缘脉端微增厚，稍外卷，上面绿色，无毛，下面淡绿色。总状花序呈穗状，紧密，顶生或腋生，花被深红色。花期7—9月。

【生长习性】喜光，耐旱，适应性较强，可露地越冬。

【花境应用】抱茎蓼花序深红色，在绿叶衬托下尤为明艳（图6-131）。片植时，花开如火焰，增添花境的热烈氛围（图6-132）。与白花蓍草、'小兔子'狼尾草组合，形态、色彩和质感形成对比，画面丰富（图6-133）。抱茎蓼深红色的花朵衬以柳枝稷绿色叶片和羽毛状花序，花境景观独具特色（图6-134）。

图6-133　与白花蓍草、'小兔子'狼尾草形成对比

图6-134　与柳枝稷搭配

'卡尔'拂子茅

Calamagrostis × acutiflora 'Karl Foerster'

禾本科 拂子茅属

【形态特征】多年生草本。株高120~150 cm。叶鞘平滑或稍粗糙,叶舌膜质,长圆形,叶片扁平或边缘内卷。圆锥花序紧密,圆筒形,劲直,具间断。花期6—10月。

【生长习性】喜光,耐寒,适应性较强,对土壤和气候要求不严格,抗盐碱土壤,耐强湿。

【花境应用】'卡尔'拂子茅高大挺拔的茎秆,细长而翠绿的叶片,自带优雅的气质(图6-135)。与其他植物搭配能形成层次丰富、色彩多样的景观(图6-136)。片植时,金黄色的花穗形成壮观的金色海洋(图6-137)。点植于花境中的'卡尔'拂子茅,具有动态的韵律感(图6-138)。

图6-135 '卡尔'拂子茅全株

图6-136 作为花境的背景植物

图6-137 片植效果(春季)

图6-138 作为主调植物表达韵律感

大花飞燕草

Consolida ajacis

毛茛科　飞燕草属

【形态特征】多年生草本。株高 60～120 cm。叶片卵形，掌状细裂。总状花序顶生或分生枝顶端，花两性，两侧对称，花色多样。花期4—7月。

【生长习性】喜光，耐半阴，不耐热，耐寒，较耐旱，忌水湿，喜凉爽气候和排水良好且肥沃的土壤。

【花境应用】大花飞燕草总状花序顶生，花色迷人，作为背景种植，立面层次明显（图6-139）。作为中景之用，大花飞燕草纤细直立的花序可形成韵律感（图6-140）。与林荫鼠尾草搭配，均为竖线条形态，整体和谐，景观效果清新优雅（图6-141）。在冷色系花境中，大花飞燕草的蓝紫花色与整体氛围契合，可烘托宁静、优雅的环境氛围（图6-142）。

图6-139　在花境中作为背景植物

图6-140　在花境中作为中景植物

图6-141　与林荫鼠尾草搭配

图6-142　在冷色系花境中作为背景植物

矮蒲苇

Cortaderia selloana 'Pumila'

禾本科 蒲苇属

【形态特征】多年生草本。株高80～120 cm。叶片质硬，狭窄，簇生于秆基，呈灰绿色。圆锥花序大，花穗银白色。花期7—9月。

【生长习性】喜光，耐寒，喜湿润气候，要求土壤排水良好。易栽培，管理粗放。

【花境应用】矮蒲苇株型出众，茎秆丛生，整体形态挺拔而优雅（图6-143）。片植可形成整齐划一的绿色屏障，为园林景观提供稳定的背景（图6-144）。其以优雅的株型和花序成为视觉焦点（图6-145），也可作为主调植物，在花境空间中形成韵律感（图6-146）。

图6-143　矮蒲苇全株

图6-144　片植效果

图6-145　作为焦点植物

图6-146　呈现规律性呼应

金槌花

Pycnosorus globosus

图6-147　金锤花金黄色头状花序

图6-148　与绿色观赏草搭配

图6-149　与'果汁阳台'月季搭配

菊科　密头彩鼠麹

【形态特征】多年生草本。株高50～60 cm。叶窄披针形，有蜡质，被灰白色柔毛。顶生金黄色花，由无数筒状花组成球形。花期5—6月。

【生长习性】喜光，不耐寒，适宜温暖、凉爽的气候和富含腐殖质的土壤。

【花境应用】金槌花金黄色或橙色的花朵密集，形态突出（图6-147）。与观赏草搭配，金槌花尤为突出（图6-148）。金黄色的金槌花与橙黄色的'果汁阳台'月季搭配能营造和谐的同色系花境（图6-149）。金槌花的花茎相对直立且少分枝，宜片植，可借助植株高差丰富景观效果（图6-150）。

图6-150　片植效果

火星花

Crocosmia crocosmiflora

鸢尾科　雄黄兰属

【形态特征】多年生草本。株高60～100 cm。叶线状剑形，基部有叶鞘抱茎而生。圆锥花序，花多数，漏斗形，园艺品种有红、橙、黄三色。花期7—8月，果期8—10月。

【生长习性】耐寒，在长江中下游地区球茎露地能越冬。喜温暖湿润、阳光充足的气候，宜排水良好、疏松肥沃的砂壤土。花后易倒伏。

【花境应用】火星花花期斑斓的色彩具有强烈的视觉冲击力（图6-151）。火星花以金叶藿香为背景，红黄相衬，再配以柳叶白菀的柔和过渡，整个花境更加自然、流畅（图6-152）。火星花以鲜艳的花色和独特的形态在花境中扮演着焦点植物的角色（图6-153、图6-154）。

图6-151　火星花丛植开花效果

图6-152　与金叶藿香、柳叶白菀搭配

图6-153　作为中景植物

图6-154　作为焦点植物

白鹭莞

Dichromena colorata

图6-155 白鹭莞花形态

图6-156 白鹭莞片植效果

莎草科 刺子莞属

【**形态特征**】多年生草本。株高30~50 cm。基生叶，叶片狭线形。头状花序顶生，白色。总苞片数个，白色从基部扩大到中部，端部绿色，渐尖。花期为6—9月，果期为8—11月。

【**生长习性**】喜半阴、湿润环境，耐高温，耐寒，耐湿，宜疏松土壤。

【**花境应用**】白鹭莞多个小花组成球状复合花序，浅绿色或白色苞片形态独特、飘逸（图6-155）。白鹭莞植株形态多样，片植时，错落有致宛若白鹭群飞（图6-156）。作前景种植时，白鹭莞高度适中，既不会遮挡后景植物，又能与周围的植物形成鲜明的对比（图6-157）。通过高低错落的搭配和色彩组合，能形成丰富的空间效果（图6-158）。

图6-157 作为前景植物白色花醒目

图6-158 作为中景植物

毛地黄

Digitalis purpurea

车前科　毛地黄属

【形态特征】多年生草本。株高 80～120 cm，多数呈莲座状，叶片卵形或长椭圆形。花朵呈钟状，内面具斑点，先端被白色柔毛，花多色，包括紫色、粉色和白色等。花期5—7月。

【生长习性】喜温凉气候，喜光，喜肥沃疏松、湿润且排水良好的土壤。

【花境应用】毛地黄花色多样，花型独具特色（图6-159）。不同株高的奶白色毛地黄可形成自由错落的片植效果（图6-160）。混色毛地黄与其他多种植物搭配时，借助其纤长的线性花序，可增强花境的层次与韵律（图6-161）。与大花飞燕草、羽扇豆搭配时，形成散点有序、自然林立的效果（图6-162），三种花卉被称为春季三剑客。

图6-159　毛地黄花序

图6-160　奶白色毛地黄片植效果

图6-161　混色毛地黄在花境中的应用

图6-162　与大花飞燕草、羽扇豆搭配

苍白松果菊

Echinacea pallida

菊科 松果菊属

【形态特征】多年生草本。株高60～100 cm。基生叶为卵形或三角形，茎生叶为卵状披针形。头状花序，单生或多数聚生于枝顶，花粉色。花期6—8月。

【生长习性】喜光，喜温暖向阳处，可露地越冬。对土壤要求不严，喜肥沃、深厚、富含有机质的土壤。

【花境应用】苍白松果菊植株形态优雅，高度适中，花瓣纤长下垂，呈现柔和的淡粉色或其他淡雅色调（图6-163、图6-164）。与药水苏、蛇鞭菊等植物的搭配宛如精灵起舞（图6-165）；黄花松果菊在花境中起到引领视线、营造氛围的作用（图6-166），且能与周围植物的形态形成对比，丰富景观立体效果。

图6-163　苍白松果菊花头

图6-164　苍白松果菊丛植开花效果

图6-165　与药水苏、蛇鞭菊等搭配

图6-166　在花境中作为主调植物

木贼
Equisetum hyemale

木贼科　木贼属

【形态特征】多年生草本。株高 60～100 cm。鞘筒黑棕色，鞘齿披针形，较小，顶端淡棕色，膜质，芒状，下部黑棕色，薄革质。

【生长习性】喜光，水陆两生，露地越冬，根状茎发达，易窜根。

【花境应用】木贼的茎秆直立，线条坚挺有力（图6-167）。与蕨类植物搭配，更显木贼茎秆的显卓挺拔（图6-168）。与低矮的佛甲草搭配，反衬木贼的高挑与佛甲草的低矮，层次分明而立体（图6-169）。通过木贼的重复种植形成简单韵律，使花境具有节奏感（图6-170）。

图6-167　木贼全株

图6-168　在阴生花境与蕨搭配

图6-169　与佛甲草搭配

图6-170　作为主调植物，形成韵律

萱草

Hemerocallis fulva

阿福花科　萱草属

【形态特征】多年生草本。株高30~60 cm。叶基生成丛，条状披针形，背面被白粉。花被基部粗短漏斗状，花被6片，两轮排列，各3片，开展，向外反卷。花期6—7月。

【生长习性】喜光，耐半阴，耐寒，耐旱。对土壤要求不严，以深厚、肥沃、湿润、排水良好的砂质土壤为佳。

【花境应用】萱草品种繁多、色彩斑斓（图6-171）。单一品种片植，可以展现

图6-171　品种多样、丰富多彩的萱草品种

出一种整齐划一的独特美感（图6-172）。在混合花境中，萱草可充当前景植物。在不同花色、花型萱草的相互映衬下，景观更加生动、立体和富有变化（图6-173）。利用萱草品种花色、花型各异的特性，混种可营造绚烂多彩的花卉景观（图6-174）。

图6-172　单一品种片植效果

图6-173　在混合花境中充当前景植物

图6-174　同期同地点第一年和第二年萱草与其他品种混合种植

花叶玉蝉花

Iris ensata 'Variegata'

鸢尾科　鸢尾属

【观赏特性】多年生草本。株高30~40 cm。翠绿的叶片上带着白色的条纹。花苞片近革质，披针形，花深紫色。为观花观叶植物，花期5—6月。

【生长习性】喜光，耐半阴，较为耐寒，可以陆地种植，也可以水生栽培，适应性强，不择土壤。

【花境应用】花叶玉蝉花叶片修长呈剑形，叶片上白色条纹明显（图6-175），片植时紫色花翩然若蝶（图6-176）。竖线条叶片形态在花境中具有一定张力（图6-177），可与丝兰、狐尾天门冬等植物在形态上形成相似的韵律，使景观具有辐射性层次效果（图6-178）。

图6-175　花叶玉蝉花全株

图6-176　片植开花效果

图6-177　在花境种充当中景植物

图6-178　与玉簪、狐尾天门冬等搭配

德国鸢尾
Iris germanica

鸢尾科　鸢尾属

【观赏特性】多年生草本。株高30~40 cm。叶灰绿色，常具白粉，无中脉。花苞片草质，绿色，边缘膜质，有时稍带红紫色，花鲜艳。为观花观叶植物，花期4—5月。

【生长习性】喜阳光充足、气候凉爽的环境，耐寒力强，亦耐半阴，对土壤要求不严格。

【花境应用】德国鸢尾花色丰富，形态优美（图6-179），花瓣轻薄如蝉翼，

图6-179 颜色丰富、形态优美的德国鸢尾品种

边缘有多重波浪，柔美与优雅兼具（图6-180）。片植德国鸢尾能够形成壮观的花海景象，具有强烈的视觉冲击力（图6-181）。在草甸花境中，点植的德国鸢尾也独具魅力（图6-182），德国鸢尾挺拔的植株在花后依然成为视觉焦点（图6-183）。

图6-180　德国鸢尾全株

图6-181　片植开花效果

图6-182　在草甸花境中的应用

图6-183　德国鸢尾花后依然是视觉焦点

西伯利亚鸢尾

Iris sibirica

鸢尾科　鸢尾属

【观赏特性】多年生草本。株高40～60 cm。叶灰绿色，条形，顶端渐尖，无明显的中脉。花茎高于叶片，花梗甚短，花有蓝色、白色。花期4—5月。

【生长习性】耐寒又耐热，在浅水、湿地、林荫、旱地或盆栽均能生长良好。

【花境应用】西伯利亚鸢尾开花后绿叶衬蓝花，整体修长而沉稳（图6-184）。将蓝、白两个花色混种，可营造清雅脱俗的氛围（图6-185）。西伯利亚鸢尾成片种植于水域边缘，可增添生机与活力（图6-186）。在旱溪花境中，点植成景（图6-187）。

图6-184　西伯利亚鸢尾全株

图6-185　蓝白两色混植

图6-186　在旱溪花境中的应用

图6-187　岸边片植效果

火炬花

Kniphofia uvaria

阿福花科　火把莲属

【**形态特征**】多年生草本。株高40～60 cm。叶丛生、草质、剑形。密穗状总状花序，由百余朵小花组成。花期6—9月。

【**生长习性**】喜光，忌雨涝积水，以腐殖质丰富、排水良好的壤土为宜。

【**花境应用**】'芒果棒冰'火炬花株型紧凑，叶片狭长且不易折弯，具有高挑的株型与火炬样的花序（图6-188）。片植时景观效果壮观（图6-189）。将'芒果棒冰'散点于千日红中，两者花序在形态与色彩上形成对比或互补（图6-190）。

图6-188　'芒果棒冰'火炬花全株

图6-189　'芒果棒冰'火炬花片植开花效果

图6-190　'芒果棒冰'火炬花与千日红等混种

与白花山桃草搭配，则是"火把"映"蝴蝶"的景观画卷（图6-191）。'木瓜棒冰'火炬花花色鲜艳，片植可形成斑斓的花海（图6-192）。与'细叶'芒搭配，'木瓜棒冰'火炬花的株型、花色，及超长的花期，使其成为景观亮点，而'细叶'芒成为柔和景观的基底（图6-193）。'木瓜棒冰'火炬花以鲜艳的黄色和红色为主，与赛菊芋的明黄色和松果菊的红色或粉色能协调搭配（图6-194）。'芒果棒冰'火炬花与'木瓜棒冰'火炬花各具特色，混植可形成色彩斑斓、具视觉冲击的花海景观（图6-195）。

图6-191 '芒果棒冰'火炬花与白花山桃草等搭配

图6-192 '木瓜棒冰'火炬花片植开花效果

图6-193 木瓜棒冰'火炬花与'细叶'芒搭配

图6-194 '木瓜棒冰'火炬花与赛菊芋、松果菊等搭配

图6-195 两种花色的火炬花种植成花海

蓝滨麦

Leymus condensatus

禾本科　滨麦属

【形态特征】多年生草本。株高90～120 cm。叶片较厚而硬，常内卷，表面微粗糙，背面光滑。穗状花序，直立或顶端稍有弯曲，粗壮，被短柔毛。

【生长习性】喜光，抗旱，喜偏旱土壤，抗空气污染，病虫害少。

【花境应用】蓝滨麦花序细长，植株为暗蓝色，整体大气沉稳（图6-196）。丛植效果如蓝色的浪花（图6-197），片植则营造安静休闲的空间氛围（图6-198）。在花境中，蓝滨麦的蓝色叶片与其他色彩的花卉能和谐搭配（图6-199）。

图6-196　蓝滨麦花序

图6-197　蓝滨麦丛植效果

图6-198　蓝滨麦片植效果

图6-199　在花境中色彩醒目

蛇鞭菊
Liatris spicata

菊科　蛇鞭菊属

【形态特征】多年生草本。株高50～80 cm。叶线形或披针形，下部叶平直或卷曲，上部叶平直，斜向上伸展。头状花序排列成密穗状，花多色，花期7—8月。

【生长习性】喜光，稍耐阴，露地越冬，宜疏松、肥沃、排水良好的土壤。

【花境应用】蛇鞭菊整体株型呈锥状，线形基生叶更衬托花序姿态（图6-200）。因其独特挺拔秀丽的花序，宜丛植（图6-201），或以蛇鞭菊高挺而密集的花序，衬以火炬花硕大而鲜艳的花序，两者高低错落、相得益彰（图6-202）。蛇鞭菊搭配观赏草等，景观效果自然而具野趣（图6-203）。

图6-200　蛇鞭菊全株

图6-201　蛇鞭菊丛植效果

图6-202　与火炬花混种

图6-203　在观赏草花境中的应用

羽扇豆

Lupinus micranthus

豆科 羽扇豆属

【形态特征】多年生草本。株高40～50 cm。披针形至倒披针形，叶质厚。总状花序顶生，花多色。花期4—6月。

【生长习性】喜温凉气候，喜光，不耐高温高湿，需肥沃、排水良好的砂质土壤。

【花境应用】羽扇豆总状花序顶生，花序轴纤细（图6-204），花序丰硕，花色多样，片植时的视觉效果颇为壮观（图6-205）。其株高适中，能够填补前景和背景之间的空白，使花境整体更加饱满和立体（图6-206）。羽扇豆挺拔如塔的花序，与细茎针茅细长柔软的叶片，在形态、质感上形成鲜明的对比，增加景观的层次性（图6-207）。

图6-204 羽扇豆全株，花多色

图6-205 羽扇豆片植效果

图6-206 在花境中作为中景植物使用

图6-207 与细茎针茅混合种植

千屈菜
Lythrum salicaria

千屈菜科　千屈菜属

【形态特征】多年生草本。株高50～80 cm。叶对生或三叶轮生，披针形或阔披针形，全缘，无柄。花序簇生，呈聚伞状，花梗及花序梗短，花瓣红紫色或淡紫色，花期6—8月。

【生长习性】喜强光，耐寒，喜水湿，对土壤要求不严，以深厚、富含腐殖质的土壤为佳。

【花境应用】千屈菜茎直立且粗壮，独特的紫色花序色彩明艳（图6-208）。花期在夏季至秋季，成片开花时效果如紫色的花海（图6-209）。千屈菜宜配置于水边，花期于水面形成紫色的倒影（图6-210）。千屈菜以红紫或淡紫的花色，成为混合花境中的主调植物（图6-211）。

图6-208　千屈菜全株

图6-209　千屈菜片植开花效果

图6-210　在滨水花境中的应用

图6-211　在混合花境中作为主调植物

糖蜜草

Melinis minutiflora

禾本科　糖蜜草属

【形态特征】多年生草本。株高
30～60 cm。叶鞘短于节间。圆锥花序
开展，末级分枝纤细，弓曲，颖果长
圆形。花果期7—10月。

【生长习性】喜温暖、湿润气候，
喜短日照，耐寒性差，耐旱，耐瘠薄，
忌积水，对土壤要求不严格。

【花境应用】糖蜜草没开花时株型
圆整，开花时具有放射性的张力，浓
密的圆锥花序，初为红宝石色，后渐
变为白色（图6-212）。糖蜜草的花序
形态和色彩独特，成为花境中的亮点
（图6-213）。其丰满的株型、清新的绿
色叶片，可与花朵小巧的角堇等植物
搭配，营造形态各异、层次分明、色
彩多样的景观（图6-214、图6-215）。

图6-212　糖蜜草全株

图6-213　在花境中作为主调植物

图6-214　与角堇搭配成草甸

图6-215　与其他低矮植物混合种植

黄花败酱

Patrinia scabiosifolia

败酱科 败酱属

【**形态特征**】多年生草本。株高150～180 cm。羽状深裂或全裂。聚伞花序组成伞房花序，花黄色。瘦果长圆形，花期7—9月。

【**生长习性**】喜光，耐半阴，耐寒，喜稍湿润的环境。

【**花境应用**】黄花败酱株型直立（图6-216），黄色花序明亮（图6-217）。在新丝绸之路花境中，败酱黄色花朵鲜艳夺目，与其他植物搭配，既形成亮点，又丰富景观色彩（图6-218）。与紫色花植物搭配形成对比色，景观效果彰显（图6-219）。

图6-216 黄花败酱全株

图6-217 黄色花序

图6-218 在新自然主义花境中的应用

图6-219 黄色与蓝紫色形成鲜明对比

'紫穗'狼尾草

Pennisetum orientale 'Purple'

图6-220 '紫穗'狼尾草全株

图6-221 '紫穗'狼尾草片植效果

禾本科 狼尾草属

【形态特征】多年生草本。株高100~150 cm。叶片线形，弯曲呈下垂状，绿色。穗状圆锥花序，具长绒毛。花期7—10月。

【生长习性】喜光，耐半阴，不耐寒，耐旱，耐湿。适宜生长在耐贫瘠、耐盐碱的土壤中。

【花境应用】'紫穗'狼尾草多丛生，株型圆整优美，紫色花序突出（图6-220）。片植时，深绿色叶片与深紫色花序相互映衬，放射状花序气势恢宏（图6-221）。在观赏草花境中质感突出（图6-222）。花序具有光影效果，在花境中成为焦点植物（图6-223）。

图6-222 在观赏草花境中质感突出

图6-223 在花境中成为焦点

'紫叶'狼尾草

Cenchrus setaceus 'Rubrum'

禾本科 蒺藜草属

【形态特征】多年生草本。株高 100~120 cm。叶鞘光滑，叶片线形，先端长渐尖。穗状圆锥花序直立，花密集，常弯向一侧呈狼尾状，刚毛粗糙，紫红色。花期8—10月。

【生长习性】喜光，耐湿，耐半阴，耐轻微碱，耐干旱贫瘠。

【花境应用】'紫叶'狼尾草的叶片与茎秆均呈紫红色，浑然一体（图6-224），片植时，紫红色的叶片与穗状花序相映成趣（图6-225）。在花境中丛植可作为焦点植物（图6-226）。在观赏草花境中，紫红色植株成为景观的亮点（图6-227）。

图6-224 '紫叶'狼尾草全株

图6-225 '紫叶'狼尾草片植效果

图6-226 在花境中丛植作为焦点植物

图6-227 在观赏草花境中的应用

'小兔子'狼尾草

Pennisetum alopecuroides 'Little Bunny'

图6-228 '小兔子'狼尾草春季片植效果

图6-229 '小兔子'狼尾草夏季片植效果

禾本科　狼尾草属

【形态特征】多年生草本。株高50～80 cm。叶片在初秋有黄褐色条纹，晚秋变为褐色。圆锥花序直立，花乳黄色，花期7—10月。

【生长习性】喜温暖气候，喜光，耐半阴，耐寒、耐旱、耐湿，土壤适应性广，耐轻微碱性，亦耐干旱贫瘠。

【花境应用】'小兔子'狼尾草叶片柔和，片植时形成绿意盎然的景象（图6-228）。'小兔子'狼尾草的花序在夏季呈乳白色或淡黄色，片植有毛茸茸的质感（图6-229）。在观赏草花境中，与金鸡菊搭配，色彩鲜明而立体（图6-230）。在新自然主义花境中，'小兔子'狼尾草搭配黄紫色植物，具有自然、野趣的效果（图6-231）。

图6-230 在观赏草花境中与金光菊搭配

图6-231 在新自然主义花境中的应用

'非洲'狼尾草

Pennisetum glaucum 'Macrourum Tail Feathers'

禾本科　狼尾草属

【形态特征】多年生草本。株高120～180 cm。叶鞘光滑，两侧压扁，叶片线形，先端长渐尖，基部生疣毛。圆锥花序，直立呈喷泉状。花期7—10月。

【生长习性】喜光，抗旱，耐寒，病虫害少，适应性强。

【花境应用】'非洲'狼尾草花序线形修长，做背景效果佳（图6-232、图6-233）。由于植株挺拔，在混合花境中也常作为焦点植物（图6-234），如与美人蕉、柳枝稷组合（图6-235）。

图6-232　作背景增加层次感

图6-233　在观赏草花境中作背景

图6-234　在混合花境中作为焦点植物

图6-235　与美人蕉、柳枝稷搭配

毛地黄钓钟柳
Penstemon digitalis

图6-236　毛地黄钓钟柳全株

图6-237　片植开花效果

车前科　钓钟柳属

【形态特征】多年生草本。株高60～80 cm。叶交互对生，卵形至披针形，无柄，温度较低时叶色呈紫色，花单生或3～4朵着生于叶腋，呈不规则总状花序，花紫白色。花期4—6月。

【生长习性】喜光，稍耐半阴，喜空气湿润、通风良好环境，忌炎热干燥和酸性土壤。宜含石灰质的肥沃、排水良好的砂壤土。

【花境应用】毛地黄钓钟柳的花序长而醒目，花朵色彩素雅且丰富（图6-236）。片植开花时，紫色花朵与绿色叶片形成鲜明色彩对比（图6-237），花序整齐的线条感，成为花境中的视觉焦点（图6-238、图6-239）。

图6-238　作为花境的中景、焦点植物

图6-239　植株挺拔，具有线条感

251

假龙头

Physostegia virginiana

唇形科　假龙头属

【形态特征】多年生草本。株高60～80 cm。叶披针形，亮绿色，边缘具锯齿。穗状花序顶生，花色粉色、白色、淡紫红色，小花花冠唇形。花期为7—9月。

【生长习性】喜光，较耐寒，耐旱，喜疏松肥沃、排水良好的沙质壤土，耐肥。

【花境应用】'玫瑰女王'假龙头丛植时，紧凑而富有层次感（图6-240）；片植时，形成见花不见叶的整齐花海景观（图6-241）；借助线性株型和丰满的花序，可与其他植物形成对比（图6-242）。'雪峰'假龙头花开如雪（图6-243）。

图6-240 '玫瑰女王'假龙头丛植效果　　　图6-241 '玫瑰女王'假龙头片植开花效果

图6-242 '玫瑰女王'假龙头与花叶玉蝉搭配　　　图6-243 '雪峰'假龙头

蒲棒菊

Rudbeckia maxima

菊科　金光菊属

【形态特征】多年生草本。株高150～200 cm。叶片大而光滑，基部抱茎，被有白粉。花托凸起，圆柱形或圆锥形，黄色的单瓣花，黑色棒状花蕾，花期6—8月。

【生长习性】喜光，耐寒，耐旱，耐热。对土壤要求不严格，以排水良好的砂壤土为佳。

【花境应用】蒲棒菊株型高挑（图6-244），头状花序中舌状花金黄色，管状花形态如塔，特征明显（图6-245），蒲棒菊可片植、丛植（图6-246），也可点植于花境中（图6-247）。

图6-245　蒲棒菊花序

图6-244　蒲棒菊全株

图6-246　在花境中丛植的开花效果

图6-247　蒲棒菊点植应用

裂叶金光菊

Rudbeckia laciniata

菊科 金光菊属

【形态特征】多年生草本。株高120～180 cm。叶互生，无毛或被疏短毛。舌状花金黄色，管状花黄色或黄绿色。花期7—9月。

【生长习性】喜光，耐寒，耐旱，忌水湿，对土壤要求不严格。

【花境应用】裂叶金光菊植株挺拔（图6-248），盛花期形成金黄色的花海（图6-249），可作焦点植物（图6-250）。通过合理布局和色彩搭配，裂叶金光菊可与岩石、植物等形成层次丰富的花境（图6-251）。

图6-248 裂叶金光菊全株

图6-249 片植开花状态

图6-250 在混合花境中作为背景、焦点植物

图6-251 在岩石花境中作为主调植物

银纹鼠尾草

Salvia argentea

图6-252 银纹鼠尾草全株

图6-253 银纹鼠尾草片植效果

唇形科 鼠尾草属

【形态特征】多年生草本。株高40~60 cm。叶片边缘具小圆齿，坚纸质，两面具细皱，被白色短绒毛。轮伞花序，顶生总状花，花萼钟形，花期5—7月。

【生长习性】喜温暖、阳光充足、通风良好的环境，耐旱，不耐涝，对土壤要求不严，喜石灰质丰富、排水良好的砂壤土。

【花境应用】银纹鼠尾草的多个轮伞花序组成圆锥状花序（图6-252），配以银白色具绒毛的叶片，质感非常特别（图6-253）。与狐尾天门冬搭配，在质感和形态上形成独特的组合效果（图6-254）。银纹鼠尾草与新西兰亚麻搭配，两者形态、色彩对比明显（图6-255）。

图6-254 与狐尾天门冬搭配

图6-255 与新西兰亚麻搭配，作为焦点植物

天蓝鼠尾草

Salvia uliginosa

唇形科　鼠尾草属

【形态特征】多年生草本。株高80～120 cm。叶对生，长椭圆形，先端圆，全缘或具钝锯齿。轮伞花序，花紫色或青色，花期为6—10月。

【生长习性】喜温暖环境，喜光、耐半阴，不耐寒，不耐湿涝，喜排水良好的砂质土壤。

【花境应用】天蓝鼠尾草花朵淡蓝色，清澈如蓝天（图6-256）。片植能营造静谧的效果（图6-257）。花色淡雅，作为背景植物时，能与周围环境和谐统一（图6-258）。丛植作为焦点植物时，可点缀粉色或黄色系植物，色彩明亮舒适（图6-259）。

图6-256　天蓝鼠尾草花序

图6-257　片植开花效果

图6-258　丛植作为背景植物

图6-259　丛植作为焦点植物

穗花婆婆纳

Veronica spicata

玄参科　婆婆纳属

【形态特征】多年生草本。株高30～60 cm。叶对生，长椭圆形，叶缘圆齿或锯齿。花序长穗状，花梗几无，花冠紫色、蓝色、粉色、白色等。花期6—8月。

【生长习性】喜光，耐半阴，对土壤要求不严格，忌土壤湿涝。

【花境应用】穗花婆婆纳种类繁多，花色绚丽多姿（图6-260）。长穗状花序在花境中重复能产生序列感（图6-261）。在花境中片植，能产生视觉冲击力（图6-262）。高度适中，可作为前景植物种植（图6-263）。丛植能成为焦点植物（图6-264）。

图6-260　不同花色的穗花婆婆纳，品种众多

图6-261 在花境中重复产生序列感

图6-262 以竖线条花序片植

图6-263 在花境中作为前景植物

图6-264 丛植作为焦点植物

第三节　填充植物

　　填充植物指能增加植物群落层次的具有非明显竖线条花序或具柔软枝条的植物，主要用于花境骨架植物和主调植物间的层次填充或作为植物组团间的衔接过渡，一般团簇状种植为面状。这里的填充植物不包括匍匐性的低矮地被植物（图6-265）。

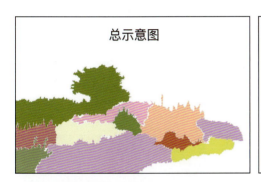

图6-265　填充植物示意图和实物图

千叶蓍

Achillea millefolium

菊科 蓍属

【形态特征】多年生草本。株高40～60 cm。叶无柄，叶片二至三回羽状全裂。多数头状花序，总苞圆形或近卵形，疏生柔毛。花期5—7月。

【生长习性】喜光，耐半阴，耐寒，耐旱，怕积水。喜温暖湿润气候和肥沃土壤。

【花境应用】千叶蓍叶丛密集，质感柔韧（图6-266）。其花色斑斓绚丽（图6-267）。丛植时枝叶繁密，生机盎然（图6-268）。千叶蓍植株形态适中，花叶细密，可作为中景植物（图6-269）。与观赏草等植物混合种植时，配以粉花植物，形成近似色花境组合，与观赏草的柔美线条相得益彰，营造出优雅而富有变化的景观空间（图6-270）。

图6-266　千叶蓍叶片

图6-267　花色丰富

图6-268　千叶蓍丛植初花状态

图6-269　在花境中作为中景植物

图6-270　与观赏草等植物混合种植

金叶石菖蒲

Acorus gramineus 'Ogan'

图6-271　金叶石菖蒲丛植全株

图6-272　叶片黄绿相间

菖蒲星科　菖蒲属

【形态特征】多年生草本。株高20～30 cm。叶片质地较厚，线形。肉穗花序黄绿色，圆柱形，果黄绿色。花期5—6月，果期7—8月。

【生长习性】喜温暖湿润气候，喜光，耐阴，不宜强光直射，对环境适应性强。

【花境应用】金叶石菖蒲株型紧凑，叶缘金黄（图6-271），叶片黄绿相间，极具观赏价值（图6-272）。其线性叶片丛植于花境中，色彩明亮且具韵律感（图6-273），可修饰花境边缘（图6-274）。

图6-273　在花境中的丛植效果

图6-274　修饰花境边缘

木茼蒿

Argyranthemum frutescens

菊科　木茼蒿属

【形态特征】多年生草本或亚灌木。株高20～30 cm。叶宽卵形、椭圆形或长椭圆形。头状花序，在枝端排成不规则的伞房花序，花梗长。花期4—6月。

【生长习性】喜凉爽、湿润环境，喜光，忌高温，不耐寒，喜肥，要求富含腐殖质、疏松肥沃的土壤。

【花境应用】粉色木茼蒿花色淡雅，清新脱俗（图6-275）。其株型紧凑，是填补花境空缺的理想选择（图6-276）。粉色木茼蒿搭配蓝色和黄色植物，色彩明亮且舒适（图6-277）。木茼蒿可在草甸花境中重复应用（图6-278）。

图6-275　木茼蒿单瓣粉色

图6-276　在花境中作为填充植物

图6-277　粉色木茼蒿搭配蓝色、黄色植物

图6-278　可在草甸花境中重复应用

朝雾草

Artemisia schmidtiana

菊科　蒿属

【形态特征】多年生草本。株高20～30 cm。茎叶纤细、柔软，植株通体呈银白色，有绢毛，茎常分枝，横向伸展，花白色，花期7—8月。

【生长习性】喜光，喜温暖，耐寒，不适宜高温高湿的环境，忌土壤过度潮湿和过度干燥。

【花境应用】朝雾草全株呈灰绿色，叶片细长且覆盖有细腻的绒毛（图6-279）。枝叶型凑，自然成球形（图6-280）。将朝雾草种植在石头周围，整体具有层次感和生命的韧性（图6-281）。其灰绿色叶片宜打造灰白色系花境（图6-282），或营造自然、有韵律感的砾石景观。

图6-279　朝雾草全株灰绿色

图6-280　在砾石花境中的应用

图6-281　在花境中与石头搭配

图6-282　与灰白色系植物搭配

马利筋

Asclepias curassavica

夹竹桃　马利筋属

【形态特征】多年生草本。株高80～120 cm。叶膜质，披针形至椭圆状披针形。聚伞花序顶生或腋生，花冠紫红色，副花冠金黄色，带有角状突起，矗立呈兜状。花期5—10月，果期8—12月。

【生长习性】喜温暖，喜光，较耐旱，不耐长时间积水，不耐寒。对土壤要求不严，以土层肥厚的砂壤土为佳。具自播性。

【花境应用】马利筋株型挺立，花朵亮黄色（图6-283）。与凤梨鼠尾草搭配，形成黄红的暖色景观，且立体感强（图6-284）。橘红色的马利筋花朵密集而饱满，炽如火焰（图6-285），与紫花翠芦莉在株型和花色上相得益彰（图6-286）。

图6-283　马利筋开花状态

图6-284　与凤梨鼠尾草搭配

图6-285　亮黄色的马利筋花朵

图6-286　与翠芦莉搭配相得益彰

柳叶白菀

Aster ericoides

菊科　马兰属

【形态特征】多年生草本。株高80～120 cm。叶互生，狭披针形，叶缘有浅锯齿，形似柳叶。花顶生，每茎着花数十朵。花色有白色、黄色等。花期9—10月。

【生长习性】喜光，喜温暖，以肥沃、富含有机质的壤土或砂壤土为佳。

【花境应用】柳叶白菀丛植时郁郁葱葱，极具清新美感（图6-287）。其花朵小巧精致，散布于枝条，宛如繁星点点（图6-288）。水边丛植柳叶白菀效果较佳，可柔化石头质地，又不失热烈、和谐景象（图6-289）。与山桃草搭配，整体线条流畅，生动有趣（图6-290）。

图6-287　柳叶白菀丛植全株

图6-288　柳叶白菀开花状态

图6-289　柳叶白菀丛植状态

图6-290　在岩石园与山桃草等搭配

蓝雾草
Conoclinium dissectum

菊科　锥托泽兰属

【形态特征】多年生草本。株高40～60 cm。羽状复叶对生，卵状，裂片浅裂或深裂，条形或三角形，黄色、黄绿色或绿色，纸质，具长叶柄。聚伞花序，顶生，花小，密集，花丝众多，浅紫色，花量大。花期5—9月。

【生长习性】喜光，稍耐阴，较耐晒，稍耐寒，对土壤要求不严格。

【花境应用】蓝雾草顶生花序浅紫，具淡雅之美（图6-291）。可片植作紫色花海（图6-292），也可丛植点缀花境，其浅紫色花朵能营造清新、浪漫的氛围（图6-293、图6-294）。

图6-291　蓝雾草全株

图6-292　蓝雾草片植效果

图6-293　在花境中色调清雅1

图6-294　在花境中色调清雅2

金鸡菊

Coreopsis basalis

菊科　金鸡菊属

【形态特征】多年生草本。株高30~60 cm。叶片羽状分裂，裂片圆卵形至长圆形。头状花序单生枝端，少数呈伞房状，舌状花，先端具齿或裂片。花期6—9月。

【生长习性】喜光，耐半阴，稍耐寒，宜排水良好的砂壤土。

【花境应用】金鸡菊品种众多，花色丰富（图6-295）。片植时自然飘逸，可搭配白色山桃草或大滨菊，有色彩对比而层次丰富（图6-296、图6-297）。金鸡菊株型饱满，适合作为填充植物（图6-298）。'柠檬酒'金鸡菊有序成丛，成为花境的韵律元素，其鲜艳的花朵和紧凑的株型，可增强花境的视觉效果（图6-299）。

图6-295　金鸡菊品种众多，花色丰富

图6-296 与山桃草搭配

图6-297 与大滨菊混合种植

图6-298 两种金鸡菊品种作为填充植物

图6-299 '柠檬酒'金鸡菊作为花境主韵律

芙蓉菊

Crossostephium chinense

菊科　芙蓉菊属

【形态特征】半灌木。株高30～40 cm。叶聚生枝顶，狭匙形或狭倒披针形，全缘，顶端钝，基部渐狭，两面密被灰色短柔毛。头状花序，盘状，生于枝端叶腋，总苞半球形，花期9—10月。

【生长习性】喜潮湿环境，喜光，不耐阴，光照过强或过弱均不利于生长。不耐寒，不耐涝，较耐干旱，生长期需保持较高的土壤湿度。

【花境应用】芙蓉菊的容器苗株型紧凑，分枝多（图6-300）。因其独特的银灰色调被誉为植物界的"冰霜美人"，可与其他银灰色植物如柳叶星河等营造冷色调花境（图6-301），可与大吴风草粗犷的叶片配搭，增添景观野趣（图6-302）。作为填充植物，芙蓉菊能充分发挥株型和叶色优势，在花坛、花境或草坪的边缘地带，或填补空白，或增加景观层次（图6-303）。

图6-300　苗圃容器苗状态

图6-301　与柳叶星河等营造冷色调花境

图6-302　与大吴风草搭配

图6-303　作为填充植物

松果菊

Echinacea purpurea

菊科　松果菊属

【形态特征】多年生草本。株高50~80 cm。基生叶为卵形或三角形，茎生叶卵状披针形。头状花序，单生或多数聚生于枝顶，花大，花中心部位凸起，呈球形，球上为管状花，花色丰富。花期6—8月。

【生长习性】喜光，耐寒，耐干旱，对土壤的要求不严格，宜深厚、肥沃、富含腐殖质的土壤。

【花境应用】'盛世'松果菊花深玫红色，花瓣宽大平整，花茎直立强健且略带红色，其开花能力强，花期一致（图6-304）。松果菊的花朵饱满而立体，与柳叶马鞭草搭配形成质感对比（图6-305），与低矮观赏草混植成草甸风（图6-306），'盛会白色'松果菊与蛇鞭菊搭配时，形成颜色和形态对比（图6-307），'盛情'松果菊花色丰富，包括渐变红色、橘黄色、紫色、猩红色、乳白色、黄色和白色（图6-308）。不同花色松果菊混种，可营造活泼、欢快的色彩氛围（图6-309）。

图6-304　'盛世'松果菊

图6-305　'盛情'松果菊

图6-306　与柳叶马鞭草等搭配

图6-307　与蛇鞭菊搭配，颜色和形态形成对比

图6-308　与低矮观赏草混植

图6-309　混色松果菊片植开花效果

丽色画眉草

Eragrostis spectabilis

禾本科　画眉草属

【形态特征】多年生草本。株高30~40 cm。叶鞘疏松裹茎，叶舌为一列白色柔毛，叶片扁平或内卷，叶面粗糙，叶背平滑无毛。圆锥花序，分枝斜升或平展，腋间具有长柔毛，花紫红色，花期6—8月。

【生长习性】喜光、半耐阴，耐旱，喜疏松肥沃的土壤。

【花境应用】丽色画眉草为顶生圆锥状花序，淡紫色，蓬松具朦胧感（图6-310）。片植时具有轻盈的空气质感（图6-311），株型饱满，是优良的填充植物（图6-312）。也可在旱溪花境中与石头、沙土等元素形成质感对比，突出花境的野趣和自然之美（图6-313）。

图6-310　丽色画眉草全株

图6-311　片植开花效果

图6-312　作为填充植物

图6-313　在旱溪花境中的片植效果

271

大麻叶泽兰
Eupatorium cannabinum

菊科　泽兰属

【形态特征】多年生草本。株高120～150 cm。叶对生，有短柄，中下部茎叶三全裂。全部茎叶两面粗涩，质地稍厚，被稀疏白色短柔毛及腺点。头状花序多枝端排成密集的复伞房花序，花粉紫色，具有淡淡的香气，花期9—10月。

【生长习性】喜光，耐旱，耐寒性强，耐涝，宜疏松肥沃、排水良好的砂壤土。

【花境应用】大麻叶泽兰枝叶密集（图6-314），圆锥状花序聚集在枝头，花朵呈粉紫色，具有毛绒质感（图6-315）。片植形成绿色屏障，为花境提供稳定的背景（图6-316），丛植可作为焦点植物（图6-317）。

图6-314　大麻叶泽兰丛植效果

图6-315　秋季开花效果

图6-316　片植作为花境背景植物

图6-317　丛植作为焦点植物

禾叶大戟

Euphorbia graminea

图6-318 禾叶大戟开花状态

图6-319 禾叶大戟片植效果

大戟科 大戟属

【形态特征】多年生草本。株高30～40 cm。叶对生或互生，叶柄被毛，叶片两面被毛，叶面具浅色"V"形纹。杯状花序2～3个组成伞房状花序生于枝顶。花瓣状附属物白色。花果期全年。

【生长习性】喜光，不耐阴，适应性强，耐旱，不耐寒，喜疏松肥沃土壤。

【花境应用】禾叶大戟花序生于枝顶或单生于叶腋，细长而优美的叶片轻盈飘逸（图6-318）。片植可交织成错落而融合的整体（图6-319）。禾叶大戟配以蓝色小巧花的植物，整体生动有趣（图6-320）。也可选择形态各异的植物进行套种，形成丰富的层次感和立体感（图6-321）。

图6-320 作为前景植物

图6-321 与其他植物搭配

大吴风草

Farfugium japonicum

菊科 大吴风草属

【形态特征】多年生草本。株高50～60 cm。叶全部基生，呈莲座状，有长柄，抱茎，叶片为肾形；头状花序为辐射状，排列成伞房状花序；总苞为钟形或宽陀螺形，花为明黄色，花期9—10月。

【生长习性】喜湿润和半阴的环境，不喜强光直射，较耐寒。

【花境应用】大吴风草叶片基生，呈莲座状排列，叶形近圆形或肾形，花朵明黄色，挺于叶外（图6-322），果序绒球形（图6-323）。其宽大的叶片能与其他植物形成鲜明的质感对比（图6-324），是阴生花境理想的阔叶植物材料（图6-325）。

图6-322　大吴风草开花状态

图6-323　大吴风草果序绒球形

图6-324　与其他植物形成质感对比

图6-325　阴生花境的理想材料

蓝羊茅

Festuca glauca

禾本科　羊茅属

【形态特征】多年生草本。株高20～30 cm，丛生，叶片狭长，针状，呈蓝色。顶生穗状花序，花穗可高于植株5～10 cm，花期6—7月。

【生长习性】喜光，较耐阴，耐寒，耐旱，忌低洼积水，耐贫瘠。在中性或弱酸性疏松土壤长势最好，稍耐盐碱。

【花境应用】蓝羊茅具有独特的蓝色叶，其呈放射状排列，簇成球形（图6-326），花色清新淡雅（图6-327）。成片栽植具有地被效果（图6-328），也可营造蓝色系花境（图6-329）。密集株型适宜填补岩石花境的缝隙，其色彩具有跳跃性景观效果（图6-330）。

图6-326　蓝羊茅全株

图6-327　蓝羊茅开花状态

图6-328　片植效果

图6-329　在蓝色系花境中作为前景植物

图6-330　在岩石花境中作为填充植物

大花天人菊
Gaillardia aristata

菊科　天人菊属

【形态特征】多年生草本。株高30～40 cm。基生叶和下部茎叶长椭圆形或匙形，全缘或羽状缺裂，有长叶柄。头状花序，总苞片披针形。舌状花黄色，基部带紫色，舌片宽楔形。瘦果被毛，花期6—9月。

【生长习性】喜光，耐热，耐旱，宜通风良好的环境和排水良好的土壤。

【花境应用】大花天人菊具红色、黄色、双色等花色（图6-331），片植可营造为花海（图6-332），在草甸花境中重复可产生自然韵律（图6-333）。

图6-331　不同花色的大花天人菊

图6-332　大花天人菊片植效果

图6-333　黄色大花天人菊与在草甸花境中重复

山桃草
Gaura lindheimeri

柳叶菜科　月见草属

【**形态特征**】多年生草本。株高 40～60 cm。叶互生，无柄，披针形或匙形。花萼片披针形，花瓣白色或粉红色，花期 5—9 月。

【**生长习性**】喜凉爽及半湿润气候，喜光，耐半阴，稍耐寒，以肥沃、疏松及排水良好的砂质土壤为宜。

【**花境应用**】'烟花'山桃草的白色花穗高耸，开花量大，后期花色转为淡粉色，花期超长，从初夏一直持续到深秋。丛植时可形成花海景观（图6-334）。纤细的枝条能与其他植物形成质感对比（图6-335）；'太妃'山桃草花色玫红，与'烟花'山桃草的花色相比，更加鲜艳、浓郁（图6-336）。'太妃'山桃草以花色和形态形成韵律，增加花境动感（图6-337）。

图6-334　'烟花'山桃草丛植效果

图6-335　与其他植物形成质感对比

图6-336　'太妃'山桃草花色玫红

图6-337　'太妃'山桃草作为主调植物

细叶美女樱
Glandularia tenera

马鞭草科　美女樱属

【**形态特征**】多年生草本。株高 20～30 cm。叶对生，二回羽状深裂。开花呈碎状花序顶生，短缩呈伞房状，多数小花密集排列其上，花冠筒状，花色丰富，有白色、粉红色、玫瑰红色、大红色、紫色、蓝色等，花期5—11月。

【**生长习性**】喜温暖、湿润的气候，喜光，耐半阴，较耐寒，耐盐碱，土壤要求不严格。

【**花境应用**】细叶美女樱植株低矮，小花密集（图6-338），花色极为丰富，常见的有白色、粉红色、玫瑰红、大红、紫色、蓝色等（图6-339）。具匍匐生长特性，可成片栽植，自然覆盖地面，也可做花境的边缘修饰（图6-340）。蓝紫色花朵搭配黄色系植物能形成鲜明对比（图6-341）。

图6-338　细叶美女樱单株

图6-339　细叶美女樱花色丰富

图6-340　作为前景植物

图6-341　与黄色金莎蔓搭配

箱根草

Hakonechloa macra

图6-342　箱根草全株

图6-343　箱根草叶片与花序

禾本科　箱根草属

【形态特征】多年生草本。株高30~40 cm。叶片带绿色纹路，亮黄金色。圆锥花序或穗状花序，花色以绿色或淡紫色为主。观赏期为春夏秋三季。

【生长习性】喜光，耐阴，耐寒，耐旱，耐贫瘠。以中性或弱酸性疏松土壤长势为佳，稍耐盐碱。

【花境应用】箱根草呈喷泉放射形状，质感轻柔（图6-342），花序黄绿色（图6-343）。箱根草特殊的色彩和株型能成为焦点植物（图6-344）。与矾根搭配，整体色彩协调、质感柔和，形成独特的暖色调花境（图6-345）。

图6-344　丛植成为焦点植物

图6-345　搭配矾根营造暖色调花境

'海伦娜'堆心菊

Helenium autumnale 'Helena'

菊科 堆心菊属

【形态特征】多年生草本。株高30～100 cm。基生叶丛生，有叶柄，叶片线状披针形。茎叶线状披针形，无柄，互生。头状花序顶生，舌状花柠檬黄色，花瓣阔，先端有缺刻，管状花黄绿色，花期7—10月。

【生长习性】喜光，耐高温、高湿，耐干燥，不择土壤。

【花境应用】'海伦娜'堆心菊花色丰富，以柠檬黄为主（图6-346）。容器栽培，植株整齐、健壮（图6-347）。花枝高度适中、冠形饱满，可作为填充植物充盈花境结构（图6-348），并可有效连接观赏草等背景植物与低矮前景植物，形成自然过渡和衔接（图6-349）。

图6-346 海伦娜堆心菊花色丰富

图6-347 在苗圃的容器生产状态

图6-348 混色的堆心菊在花境中作为填充植物

图6-349 在混合花境中作为中景植物

赛菊芋

Heliopsis helianthoides

菊科　赛菊芋属

【**形态特征**】多年生草本。株高70～120 cm。叶矩圆形或卵状披针形，上面无毛，下面具柔毛，边缘具粗齿。头状花序，单生，舌状片先端渐尖，明黄色。花期6—9月。

【**生长习性**】喜光，耐阴，耐寒，耐热，耐湿，耐旱，耐瘠薄，对土壤要求不严格，喜疏松、排水良好的砂质土壤。

【**花境应用**】赛菊芋株型球状，花序明黄色（图6-350）。片植开花繁茂（图6-351）。赛菊芋株型丰满，可作为主调植物（图6-352），片植也可作为花境背景植物（图6-353）。

图6-350　赛菊芋全株

图6-351　赛菊芋片植效果

图6-352　作为主调植物

图6-353　片植作为花境的背景植物

矾根

Heuchera micrantha

虎耳草科　矾根属

【形态特征】多年生草本。株高30～50 cm。叶片通常为肾形。花朵较小，呈钟状，颜色丰富。花期为5—7月。

【生长习性】喜湿润环境，喜光，耐半阴，忌积水，以疏松、肥沃、排水良好的砂质土壤为佳。

【花境应用】矾根的叶色涵盖了黄色、紫色、灰色、金属色、绿色、红色、亮橘色、明绿色等多种色系，称为"调色板"，不同色系的矾根混植效果好（图6-354）。矾根可与其他植物形成鲜明的对比（图6-355）。利用'紫叶'矾根的复古色可营造具有艺术效果的景观（图6-356）。矾根可应用于植物墙，形成立体花境（图6-357）。

图6-354　矾根颜色丰富多彩

图6-355　矾根与其他植物形成鲜明对比

图6-356　'紫叶'矾根具有复古色

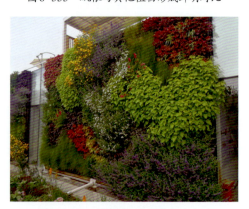

图6-357　矾根在立体花境中的应用

芒颖大麦草

Hordeum jubatum

禾本科　大麦属

【形态特征】一年生草本。株高50~60 cm。叶舌干膜质，叶片扁平。穗状花序柔软，绿色或稍带紫色，花期5—8月。

【生长习性】喜光，耐旱，耐瘠薄，对土壤要求不严格，耐盐碱。

【花境应用】芒颖大麦草花序柔软，极富质感，颜色绿色或稍带紫色（图6-358）。点植于岩石景观中野趣十足（图6-359）。芒颖大麦草柔美的花序可与各种花型的植物搭配，如水平状花序的蓍草、线条状花序的鼠尾草等，都能产生强烈的视觉效果和层次感（图6-360、图6-361）。

图6-358　芒颖大麦草花序

图6-359　在岩石花境中的应用

图6-360　与蓍草搭配

图6-361　与竖线条植物搭配

玉簪
Hosta plantaginea

天门冬科　玉簪属

【形态特征】多年生草本。株高30~70 cm。叶基生，成簇，卵状心形、卵形或卵圆形。花葶高40~80 cm，具几朵至十几朵花，单生或2~3朵簇生，芳香，花期7—8月。

【生长习性】喜阴湿环境，不耐强光，耐阴，耐寒，喜肥沃、湿润的砂壤土。

【花境应用】玉簪的叶色丰富，有深绿色、浅绿色、金黄色或蓝色（图6-362）。单一品种玉簪片植或丛植，可打造荫生景观（图6-363、图6-364）。不同叶色品种混合种植，色彩斑斓、相映成趣，可营造玉簪主题花境（图6-365、图6-366）。玉簪姿态优美，可搭配矾根，增加花境色彩层次（图6-367），也可搭配竖线条植物，增加花境的空间层次（图6-368）。

图6-362　不同叶色的玉簪品种

图6-363　单一品种玉簪片植效果

图6-364　在花境中单丛种植

图6-365　不同品种玉簪混合种植

图6-366　打造玉簪主题花境

图6-367　与不同颜色的矾根搭配

图6-368　作为前景植物

'无尽夏'绣球

Hydrangea macrophylla 'Endless Summer'

绣球科 绣球属

【形态特征】多年生草本。株高 50～100 cm。叶纸质或近革质，倒卵形或宽椭圆形。伞房状聚伞花序近球形，花密集，多数不育。花期 5—8 月。

【生长习性】喜温暖、湿润气候和半阴的环境，忌强光，不耐旱，适宜在疏松、肥沃的砂壤土中生长。

【花境应用】'无尽夏'绣球花序球状，花色包括蓝色、粉色、白色等（图 6-369）。多丛植或片植，景观立体感较强（图 6-370、图 6-371）。也可混种不同品种、不同颜色的绣球，打造主题花境（图 6-372）。

图 6-369 '无尽夏'绣球全株

图 6-370 '无尽夏'绣球片植效果

图 6-371 以片植方式作为花境前景植物

图 6-372 '无尽夏'绣球主题花境

同瓣花

Isotoma axillaris

图6-373　同瓣花全株

图6-374　对称式片植效果

桔梗科　同瓣草属

【形态特征】多年生草本。株高30～50 cm。叶互生，纸质，披针形。花单生于叶腋，花冠管长，五裂，蓝色，花期4—7月。

【生长习性】喜光，耐阴，喜温暖，不耐热，较耐寒，在严寒冬季需要保暖措施。喜疏松肥沃的壤土。

【花境应用】腋生花朵像"五角"，花量大（图6-373）。在花境中对称式片植，可形成韵律感（图6-374）。可搭配黄色系植物，形成对比色花境（图6-375）。株型饱满，适合填充在花境中的空隙，也可植于岩石缝隙，增加岩石花境的层次与生机，与细茎针茅等低矮观赏草搭配，景观丰满，层次性强（图6-376）。

图6-375　与黄色系植物搭配

图6-376　与细茎针茅搭配

287

银叶菊

Jacobaea maritima

菊科　疆千里光属

【形态特征】多年生草本。株高40～50 cm。基生叶椭圆状披针形，全缘，上部叶片一至二回羽状分裂，裂片长圆形。头状花序集成伞房花序，舌状花小，黄色，管状花黄褐色。花期为6—8月。

【生长习性】喜光，喜温暖，不耐高温，喜肥沃疏松的土壤。

【花境应用】银叶菊的银灰色叶片具高级感，头状花序单生于枝顶，花色为黄色（图6-377）。片植能呈现银灰色背景（图6-378）。与蓝色植物搭配，色彩明亮且舒适（图6-379）。与暖色调植物混合种植可调和色彩（图6-380）。

图6-377　银叶菊开花效果

图6-378　片植作为背景植物

图6-379　与大花飞燕草搭配

图6-380　与暖色调植物混合种植

蔓马缨丹
Lantana montevidensis

图6-381　蔓马缨丹全株

马鞭草科　马缨丹属

【形态特征】蔓性灌木。株高40～50 cm。叶卵形，基部突然变狭，边缘有粗锯齿。头状花序，具长花梗，花淡紫色。花期5—10月。

【生长习性】喜光，耐高温，对土壤要求不严格，有侵占性。

【花境应用】蔓马缨丹为伞房状头状花序（图6-381）。大片种植时因花覆盖性好，能形成紫色的花海（图6-382）。枝条蔓性，能修饰花境边缘（图6-383）。蔓性枝条可用于垂吊装饰（图6-384）。

图6-382　片植开花效果

图6-383　修饰花境边缘

图6-384　作垂吊装饰

滨菊

Leucanthemum vulgare

菊科　滨菊属

【形态特征】多年生草本。株高30～80 cm。基生叶长椭圆形、倒披针形、倒卵形或卵形，边缘圆或钝锯齿。中下部茎叶长椭圆形或线状长椭圆形。上部叶渐小，有时羽状全裂。头状花序，单生于茎顶，中央部分的花心为黄色，有长花梗，全部苞片无毛，边缘有白色或褐色膜质，花期5—7月。

【生长习性】耐寒，耐热，喜湿润、排水良好的土壤。

【花境应用】滨菊的株丛紧凑，花朵洁白素雅，丛植效果明显（图6-385），也可片植形成花海。与黄色植物搭配，色调明亮（图6-386）；与蓝色植物搭配，能衬托蓝色，使蓝色更明亮（图6-387）。滨菊丛植可作为焦点植物（图6-388）。

图6-385　滨菊丛植效果

图6-386　与黄色花卉搭配

图6-387　衬托蓝色植物

图6-388　丛植作为焦点植物

金边阔叶山麦冬

Liriope muscari 'Variegata'

图6-389　金边阔叶山麦冬全株

图6-390　金边阔叶山麦冬沿路种植

天门冬科　山麦冬属

【**形态特征**】多年生草本。株高30～40 cm。叶密集成丛，革质。花葶通常高于叶片。花被片矩圆状披针形或近矩圆形，紫色或红紫色，花期7—8月。

【**生长习性**】喜阴湿环境、忌阳光直射，耐阴，耐寒，对土壤要求不严格，以肥沃、湿润的砂壤土为佳。

【**花境应用**】金边阔叶山麦冬的叶片具金色边纹，色彩明快（图6-389）。带状种植于路缘，可起视线引导的作用（图6-390）。植株叶片下垂，是理想的边缘修饰材料（图6-391）。金边阔叶山麦冬株型紧凑，枝叶繁茂，可三五成丛，形成主体植物团块（图6-392）。

图6-391　金边阔叶山麦冬作边缘修饰

图6-392　在花境中丛植作为焦点植物

'细叶'芒

Miscanthus sinensis 'Gracillimus'

禾本科　芒属

【形态特征】多年生草本。株高100～180 cm。叶片线形，直立纤细。顶生圆锥花序，扇形，由粉红色变银白色。花期9—10月。

【生长习性】喜光，耐半阴，耐旱，耐涝，宜湿润、排水良好的土壤。

【花境应用】'细叶'芒叶片线形、直立且纤细（图6-393），顶生花序初期粉红色（图6-394），后期变为银白色（图6-395）。成丛点植于花境中，既有填充效果，又有景观韵律，可打造自然、富有野趣的观赏草花境（图6-396）。

图6-393　'细叶'芒全株

图6-394　刚抽穗时花序呈粉红色

图6-395　深秋季花序呈银白色

图6-396　在观赏草花境中的应用

'晨光'芒

Miscanthus sinensis 'Morning Light'

禾本科　芒属

【形态特征】多年生草本。株高80～100 cm。叶片线形，下面疏生柔毛，被白粉，边缘粗糙，叶片边缘有白色条纹。圆锥花序直立。花期9—10月。

【生长习性】喜光，耐半阴，耐贫瘠，耐旱。宜排水良好、肥沃的土壤。

【花境应用】'晨光'芒叶片直立、纤细，叶带白色条纹呈银灰色，顶端呈弓形，形成波浪般的动感效果（图6-397）；带状栽植于石笼墙中，可凸显植物的生命力（图6-398）。于硬质构筑物前丛植，可柔化硬质线条（图6-399、图6-400）。

图6-397　'晨光'芒全株

图6-398　'晨光'芒列植效果

图6-399　在景墙前丛植

图6-400　柔化硬质线条

'虎尾'芒（斑叶芒）
Miscanthus sinensis '*Strictus*'

禾本科　芒属

【形态特征】多年生草本。株高100～120 cm。叶片直立，叶片布满节状斑点。圆锥花序，花穗初期红色，后期变淡。花期9—10月。

【生长习性】喜光、耐半阴，抗寒，耐热，耐旱，对气候的适应性强。对土壤要求不严格。

【花境应用】虎尾芒叶形直挺，翠绿色的叶片上布满黄色斑点，如同虎尾上的斑纹（图6-401）。片植'虎尾'芒有规整的景观效果（图6-402），也可带状种植（图6-403），丛植于花境中可提亮色彩（图6-404）。

图6-401 '虎尾'芒全株

图6-402 '虎尾'芒片植效果

图6-403 '虎尾'芒带状种植效果

图6-404 '虎尾'芒丛植效果

'花叶'芒

Miscanthus sinensis 'Variegatus'

禾本科 芒属

【形态特征】多年生草本。株高120~150 cm。叶片呈拱形向地面弯曲，最后呈喷泉状，叶片长，浅绿色，有奶白色条纹。圆锥花序，花序深粉色，花期9—10月。

【生长习性】喜光，耐半阴，耐寒，耐旱，耐涝，全日照至轻度隐蔽条件下生长良好，对土壤要求不严格。

【花境应用】'花叶'芒植株呈喷泉状（图6-405），可片植（图6-406）。'花叶'芒叶片柔软，与硬质景观搭配可柔化硬质线条（图6-407），也可丛植形成简单重复的韵律（图6-408）。

图6-405 '花叶'芒全株

图6-406 '花叶'芒片植效果

图6-407 与石头搭配

图6-408 在观赏草花境中的应用

美国薄荷
Monarda didyma

唇形科　美国薄荷属

【形态特征】多年生草本。株高40~120 cm。卵状披针形，先端渐尖或长渐尖，基部圆，具不整齐锯齿。轮伞花序组成头状花序，花冠紫红色，被微柔毛，花期6—8月。

【生长习性】喜凉爽、湿润气候，喜光，耐半阴。适应性强，对土壤要求不严格。

【花境应用】花朵密集生长在茎的顶端（图6-409），花色紫红或粉，可与高山刺芹搭配（图6-410）。美国薄荷株型高大、色彩鲜明，丛植于花境中，可营造错落有致的景观层次（图6-411、图6-412）。

图6-409　美国薄荷全株

图6-410　不同花色美国薄荷与高山刺芹搭配

图6-411　丛植作为焦点植物

图6-412　在花境中丛植营造丰富层次

粉黛乱子草

Muhlenbergia capillaris

禾本科　乱子草属

【形态特征】多年生草本。株高80~100 cm。叶片纤细，顶端呈拱形，叶片绿色。花序粉色，发丝状花穗从基部长出，在顶端呈拱形，花期9—10月。

【生长习性】喜光，耐半阴，耐水湿，耐旱，耐盐碱，对土壤要求不严格。

【花境应用】粉黛乱子草叶片细长，质感柔软，顶生花穗初期为绿色，盛开时如粉色云雾（图6-413）。片植开花时，呈现如梦如幻的壮丽景观（图6-414）。与其他观赏草在色彩、质感等方面能形成鲜明的对比，使观赏草更具光影效果（图6-415、图6-416）。

图6-413　粉黛乱子草全株

图6-414　片植开花效果

图6-415　作为底色衬托其他观赏草

图6-416　丛植于花境中

荆芥
Nepeta cataria

唇形科　荆芥属

【形态特征】多年生草本。株高30～50 cm。叶卵形或三角状心形，基部心形或平截。聚伞圆锥花序顶生，花萼管状，花蓝色，上唇先端微缺，下唇中裂片近圆形。花期5—9月。

【生长习性】喜温暖气候，喜光，耐半阴，耐旱，适于碱性土壤。

【花境应用】荆芥的花朵小巧玲珑，清新淡雅（图6-417）。与具有飘浮感的球状大花葱搭配，增添了景观的趣味性（图6-418）。荆芥枝条柔软，覆盖性强，可修饰花境边缘，柔美且自然（图6-419、图6-420）。

图6-417　荆芥丛植效果

图6-418　与球状大花葱搭配

图6-419　路缘自然式搭配

图6-420　修饰花境边缘

柳枝稷

Panicum virgatum

禾本科 黍属

【**形态特征**】多年生草本。株高100~150 cm。秆直立，质较坚硬。叶鞘无毛，上部短于节间。叶片线形，顶端长尖，两面无毛或上面基部具长柔毛。花期8—10月。

【**生长习性**】喜光，耐半阴，耐寒，耐旱，耐涝，全日照至轻度隐蔽条件下生长良好，对干旱、盐碱地区有轻微抗性。

【**花境应用**】柳枝稷株高1~2米，植株挺拔（图6-421），深秋后，其叶色由绿转黄，散发出成熟而温暖的气息（图6-422）。片植能形成壮观的景观效果，随风如层层波浪（图6-423）。柳枝稷在花境中重复丛植，具有强烈的秩序感（图6-424）。

图6-421 柳枝稷全株

图6-422 深秋叶色变黄

图6-423 片植效果

图6-424 丛植效果

蓝雪花
Ceratostigma plumbaginoides

白花丹科　蓝雪花属

【形态特征】多年生草本。株高40~60 cm。叶宽卵形或倒卵形，先端渐尖或钝圆，基部骤窄而后渐狭。花冠筒部紫红色，裂片蓝色，倒三角形。蒴果椭圆状卵形，淡黄褐色。花期6—9月。

【生长习性】喜温暖气候，喜光，稍耐阴，不宜在烈日下暴晒。耐热，不耐寒冷，较耐旱，要求湿润环境。

【花境应用】蓝雪花分枝较多，株型呈松散球状（图6-425）。片植可营造梦幻蓝色景观，色调雅致（图6-426）。蓝雪花枝条柔软覆盖力强，可填充植物组团间的空隙（图6-427）；淡雅的蓝色搭配黄花植物如金光菊，色彩舒适明亮（图6-428）。

图6-425　蓝雪花单株

图6-426　蓝雪花片植效果

图6-427　作为填充植物

图6-428　与金光菊搭配

迷迭香

Rosmarinus officinalis

唇形科　迷迭香属

【形态特征】亚灌木。株高 40~80 cm。叶片线形，革质，上面稍具光泽，近无毛，下面密被白色的星状绒毛。花近无梗，对生，花萼卵状钟形，花冠蓝紫色，花期6—8月。

【生长习性】喜温暖气候，喜光，稍耐阴，较耐旱，以富含砂质、排水良好的土壤为佳。

【花境应用】迷迭香生长适应能力较强，可修剪呈饱满球形（图6-429）。片植时形成连绵的灰绿色景观（图6-430）。因其植株相对低矮，株型紧凑，可用于填充或覆盖（图6-431）。迷迭香丛植时，枝条的自然线条可营造出富有节奏感的韵律景观（图6-432）。

图6-429　迷迭香苗圃容器苗

图6-430　片植效果

图6-431　团块种植效果

图6-432　丛植效果

全缘叶金光菊
Rudbeckia fulgida

菊科　金光菊属

【形态特征】多年生草本。株高50～60 cm。叶互生，稀对生，全缘或羽状分裂。头状花序，周围舌状花，黄色、橙色或红色，中央管状花黄棕色或紫褐色，花期7—9月。

【生长习性】喜光，耐热，耐旱，怕积水，对土壤要求不严格。

【花境应用】全缘叶金光菊花枝挺立，色彩明亮（图6-433）。大片绽放时，金光闪耀（图6-434）。全缘叶金光菊丛植于花境中，醒目的黄色成为律动的"音符"（图6-435）。作为基调植物时，可营造暖色调花境（图6-436）。

图6-433　全缘叶金光菊丛植效果

图6-434　片植开花效果

图6-435　丛植点缀于花境中

图6-436　亮丽的黄色作为基调植物

蓝花草（翠芦莉）

Ruellia simplex

爵床科　芦莉草属

【形态特征】多年生草本。株高 30～120 cm。单叶对生，线状披针形。叶暗绿色。叶全缘或疏锯齿。花腋生，花冠漏斗状，具放射状条纹，多蓝紫色，少数粉色或白色，花期6—9月。

【生长习性】喜高温环境，喜光，不耐荫，耐酷暑，耐旱，耐湿。对土壤要求不严格，耐贫瘠，耐轻度盐碱。

【花境应用】蓝花草的漏斗状花冠为迷人的蓝紫色（图6-437），开花繁茂（图6-438），用白色植物搭配更能衬托其蓝色（图6-439）。丛植于花境中，挺拔的植株让层次更加分明（图6-440）。

图6-437　蓝花草花朵形态

图6-438　丛植效果

图6-439　与观赏草搭配

图6-440　在花境中的丛植效果

林荫鼠尾草

Salvia nemorosa

唇形科　鼠尾草属

【形态特征】多年生草本。株高30~50 cm。叶对生，长椭圆状或近披针形，叶面皱，先端尖，具柄。轮伞花序再组成穗状花序，花冠二唇形，花色有蓝紫色、白色、粉红色，花期为4—7月，9—10月。

【生长习性】喜温暖气候，喜光，稍耐半阴，不耐较长的雨季和潮湿的气候，耐旱，喜潮湿砾石或砂质土壤。花后及时修剪，可复花。

【花境应用】林荫鼠尾草景观效果较好的品种有'蓝山''雪山''卡拉多纳'和'四月夜'（图6-441、图6-442、图6-443、图6-444），开花整齐一致，可片植形成花海（图6-445），亦可在花境中带状或团块种植（图6-446）。'蓝

图6-441 '蓝山'林荫鼠尾草

图6-442 '雪山'林荫鼠尾草

图6-443 '卡拉多纳'林荫鼠尾草

图6-444 '四月夜'林荫鼠尾草

山'林荫鼠尾草、'雪山'林荫鼠尾草及'四月夜'林荫鼠尾草植株低矮，可作为前景植物（图6-447）、填充植物（图6-448），也可作为镶边植物（图6-449）。'卡拉多纳'林荫鼠尾草花序细长，在草甸花境中线条感极强，与周围的野草、野花等植物相互交融，营造自然、和谐的景观（图6-450）。

图6-445　林荫鼠尾草片植开花效果

图6-446　林荫鼠尾草团块种植效果

图6-447　混合种植作为前景植物

图6-448　作为填充植物

图6-449　作为花境镶边植物

图6-450　'卡拉多纳'林荫鼠尾草在草甸花境中作为线型植物

绵毛水苏

Stachys byzantina

唇形科　水苏属

【形态特征】多年生草本。株高40～50 cm。茎直立，四棱形，叶对生，基生叶及茎生叶长圆状，两面均密被灰白色丝状绵毛。轮伞花序，多花密集成穗状，花萼管状钟形，花冠紫红色，花期5—6月。

【生长习性】喜光，不耐阴，耐寒，喜排水良好、肥沃疏松的砂质土壤。

【花境应用】绵毛水苏厚实的叶片两面均被灰白色的丝状绵毛（图6-451）。植于岩石缝隙，仿佛浑然天成，使花境极富自然野趣（图6-452）。其株型低矮，可作花境前景植物（图6-453）。银灰色叶片可作为主色调，营造冷色调花境（图6-454）。

图6-451　绵毛水苏全株

图6-452　在岩石花境中的应用

图6-453　作为花境前景植物

图6-454　在冷色系花境中的应用

细茎针茅

Nassella tenuissima

禾本科　针茅属

【形态特征】多年生草本。株高30～50 cm。叶细长如丝，绿色。穗状花序银白色，柔软下垂，羽毛状，冬季变成黄色，花期5—6月。

【生长习性】喜冷凉气候，喜光，稍耐半阴，极耐旱，不耐高温，夏季高温会休眠，对土壤要求不严格。

【花境应用】细茎针茅茎秆细弱柔软，银白色花序呈羽毛状，片植效果独特，如一片绿色的丝绸地毯，随风极具动感和韵律美（图6-455）。搭配蓝色的同瓣草，形成色彩与形态的鲜明对比，景观层次丰富（图6-456）。将细茎针茅种植在岩石周围、缝隙中，可形成高低错落的层次，丰富岩石花境的空间感（图6-457）。在草甸花境中，作为基底植物能营造出柔和、浪漫的效果（图6-458）。

图6-455　细茎针茅片植效果

图6-456　与同瓣草搭配

图6-457　在岩石花境中的应用

图6-458　在草甸花境中与林荫鼠尾草等套种

柳叶马鞭草

Verbena bonariensis

马鞭草科　马鞭草属

【形态特征】多年生草本。株高100～120 cm。叶椭圆形，边缘有缺刻，花茎抽高后叶转为细长形如柳叶状，边缘仍有尖缺刻。聚伞穗状花序，花冠呈紫红色或淡紫色，花期5—9月。

【生长习性】喜温暖气候，喜光，稍耐阴，稍耐寒，耐旱，对土壤要求不严格。

【花境应用】柳叶马鞭草枝条纤细，紫花密集（图6-459）。可片植营造浪漫紫色调花海（图6-460）。植株挺拔，可在花境中丛植丰富立面层次（图6-461）。柳叶马鞭草的株型和花色能很好地融入花境，有自然野趣之效（图6-462）。

图6-459　柳叶马鞭草花朵

图6-460　片植效果

图6-461　丛植效果

图6-462　在旱溪花境中的应用

第四节　覆盖植物

　　覆盖植物指植株低矮、枝叶紧凑或具有匍匐茎、铺地效果较好的植物，用于花境的最低层，起到覆盖地表、镶边或填充空隙的作用（图4-463）。

总示意图

覆盖植物示意图

图6-463　覆盖植物示意图及实物图

筋骨草

Ajuga ciliata

唇形科　筋骨草属

【形态特征】多年生草本。株高10～20 cm。叶丛莲座状，叶小，对生，椭圆状卵圆形，纸质。总状花序，花瓣连合成花冠，二唇形，花冠紫色，具蓝色条纹，冠筒被柔毛，内面被微柔色，花期4—5月。

【生长习性】喜光，耐半阴，喜湿润、凉爽气候，对土壤要求不严格。匍匐生长能力强。

【花境应用】筋骨草植株低矮，花序直立，开花时几乎不见叶，其迷人的蓝紫色花朵（图6-464）。根据叶色不同，分为匍匐筋骨草（图6-465）、'酒红'筋骨草（图6-466）、"巧克力片"多花筋骨草（图6-467）。筋骨草与黄色系植物搭配，色彩明亮（图6-468、图6-469）。

图6-464　筋骨草花序

图6-465　匍匐筋骨草片植效果

图6-466 '酒红'筋骨草片植效果

图6-467 '巧克力片'多花筋骨草片植效果

图6-468　与金焰绣线菊搭配

图6-469　与金叶佛甲草搭配

加勒比飞蓬

Erigeron karvinskianus

菊科　飞蓬属

【形态特征】多年生草本。株高20~30 cm。叶基生和茎生，茎生叶椭圆形到倒卵形。头状花序，舌状花绽放时白色，很快变为粉紫色，花期3—10月。

【生长习性】喜光，不耐阴，耐旱，稍耐寒，对土壤要求不严格。

【花境应用】加勒比飞蓬花色因时而变，花瓣细密（图6-470），片植时其变化的花色形成混播效果（图6-471）。加勒比飞蓬具匍匐性，种植在花境前沿可镶边，种植在高处可作垂吊装饰（图6-472），也可让长长的枝条下垂装饰容器边缘（图6-473）。

图6-470　加勒比飞蓬开花效果

图6-471　加勒比飞蓬片植效果

图6-472　加勒比飞蓬在高处下垂

图6-473　加勒比飞蓬装饰容器

香雪球
Lobularia maritima

十字花科　香雪球属

【形态特征】多年生草本。株高20~30 cm。植株矮小，分枝较多，叶披针形或条形。花序伞房状，花小有微香，花瓣淡紫色、粉色或白色，花期4—10月。

【生长习性】喜冷凉气候，喜光，稍耐阴，忌炎热，耐轻度霜寒，喜疏松、干旱、瘠薄土壤。

【花境应用】香雪球花序密集，自成球状，有白色、粉色、紫色等不同花色（图6-474、图6-475、图6-476）。不同花色品种混种，有山花烂漫的效果（图6-477）。规则式种植各品种，能形成花坛花海（图6-478）。各色香雪球与常夏石竹套种，可营造草甸花境（图6-479）。

图6-474 '趵突泉白色'香雪球

图6-475 '趵突泉玫红'香雪球

图6-476 '趵突泉丁香紫'香雪球

图6-477 不同花色香雪球混合片植

图6-478 不同花色香雪球作为花海种植

图6-479 香雪球与常夏石竹套种

金叶过路黄
Lysimachia nummularia

报春花科　珍珠菜属

【**形态特征**】多年生草本。株高5~10 cm。枝条匍匐生长，单叶对生，卵形或阔卵形，早春至秋季金黄色，冬季霜后略带暗红色。

【**生长习性**】喜光，耐半阴，耐寒，耐旱，怕涝，宜肥沃湿润、排水良好的土壤。匍匐茎具有一定的扩张性。

【**花境应用**】金叶过路黄叶片呈鲜艳的金黄色，枝叶密集，覆盖效果好（图6-480），可作为黄色基底植物（图6-481）。与紫色、粉色系花卉搭配，色彩明亮。利用其匍匐生长的特点可在高处栽植，垂吊欣赏（图6-482）。作为前景植物，金叶过路黄能烘托花境的层次感和色彩感（图6-483）。

图6-480　金叶过路黄植株

图6-481　片植打底

图6-482　作垂吊欣赏

图6-483　在砾石花境中的应用

金莎蔓

Mecardonia procumbens

车前科　伏胁花属

【形态特征】多年生草本。株高5～10 cm。茎四棱，叶对生，椭圆形或卵形。花单生于叶腋，花冠筒状，黄色，二唇形，花期4—8月。

【生长习性】喜温暖、湿润气候，喜光，光照不足时，植株散乱，开花稀疏。耐热，耐湿，不耐旱，对土壤要求不严格。

【花境应用】金莎蔓植株低矮，黄色花朵密集，茎匍匐且多分枝（图6-484）。金莎蔓搭配细叶美女樱，两者株型及色彩相得益彰（图6-485）。与筋骨草、蓝羊茅等蓝灰色叶植物搭配，形成明亮的对比色（图6-486）。花后的金莎蔓叶片翠绿，能覆盖地面形成绿色地被（图6-487）。

图6-484　金莎蔓片植效果

图6-485　与细叶美女樱等搭配

图6-486　与筋骨草、蓝羊茅等搭配

图6-487　金沙蔓花期之后的效果

丛生福禄考

Phlox subulata

花葱科　福禄考属

【**形态特征**】多年生草本。株高10～20 cm。叶片线形或椭圆形，亮绿色。伞形花序，高脚碟形或星形，花色为粉色、紫色、白色。花期4—6月。

【**生长习性**】喜温暖、湿润环境。喜光，耐半阴，耐旱，耐寒，怕高温，忌干旱和水涝。宜肥沃、疏松和排水良好的砂壤土。

【**花境应用**】丛生福禄考植株紧凑，开花繁茂（图6-488），可片植营造花海。点缀于岩石花境、砾石花园中，与岩石或砾石的坚硬、粗糙质感形成鲜明对比，既有野趣，又增加视觉层次（图6-489、图6-490）。在新自然主义花境中丛植丛生福禄考，可形成自然群落的景观效果（图6-491）。

图6-488　丛生福禄考单株

图6-489　在岩石花境中的应用

图6-490　在砾石花境中的应用

图6-491　在新自然主义花境中的应用

姬岩垂草

Phyla canescens

图6-492 姬岩垂草开花效果

图6-493 姬岩垂草片植效果

马鞭草科 过江藤属

【**形态特征**】多年生草本。株高5～10 cm。叶对生，光滑，倒披针形至卵状披针形。花于叶腋处抽生花序，花色粉白黄心。花期5—10月。

【**生长习性**】喜光，较耐阴，稍耐寒，耐干热、耐旱、耐盐碱，对土壤要求不严格，宜排水良好的土壤。具匍匐茎，生长速度快，有一定扩张性，抗病虫能力强。

【**花境应用**】姬岩垂草枝叶细密，花朵小巧（图6-492）。片植时覆盖性好，可营造浪漫的紫色地被（图6-493）。与草坪相比，姬岩垂草生长迅速，成坪速度快，质感细腻（图6-494）。还可用于垂吊装饰（图6-495）。

图6-494 姬岩垂草与草坪对比

图6-495 在花境中作垂吊装饰

薄雪万年草

Sedum hispanicum

景天科　景天属

【形态特征】多年生草本。株高5～10 cm。叶片棒状，表面覆有白色蜡粉，叶片密集生长于茎端。花朵5瓣星形，白色略带粉红色。花期6—8月。

【生长习性】喜光，不耐阴，耐寒，耐旱，怕热，生长迅速，对土壤要求不严格。

【花境应用】薄雪万年草的株形优美，质感细腻，叶色清新（图6-496），盆栽也表现出良好状态（图6-497）。密集的枝叶、良好的覆盖性，使其成为花境中优良的覆盖植物，可以作为花境的镶边植物（图6-498）。作为花境前景植物时，薄雪万年草匍匐的特性使其能与周围植物自然融合（图6-499）。

图6-496　薄雪万年草株丛

图6-497　薄雪万年草盆栽状态

图6-498　薄雪万年草镶边

图6-498　薄雪万年草作为前景植物

佛甲草

Sedum lineare

景天科 景天属

【**形态特征**】多年生草本。株高5~10 cm。叶线形，轮生，少有4叶轮或对生。具匍匐茎。花序聚伞状，顶生，黄色，披针形。花期5—6月。

【**生长习性**】喜光，不耐阴，稍耐寒，以肥沃、疏松且富含腐殖质的砂质土壤为宜，忌盐碱土。

【**花境应用**】佛甲草枝叶细密，花朵小巧玲珑（图6-500）。嵌植于步石间，使景观更具自然气息（图6-501），佛甲草黄绿色的叶片和黄色的花朵十分醒目，在花境中片植有提亮色调的作用（图6-502），而其低矮的植株，是做花境前景植物和填充空隙的理想材料（图6-503）。

图6-500 佛甲草开花效果

图6-501 种植在庭院中踏步石间

图6-502 片植效果

图6-503 在花境中色彩亮丽

德国景天

Phedimus hybridus 'Immergrunchett'

景天科 费菜属

【形态特征】多年生草本。株高
5～10 cm。叶对生，呈倒卵形至倒卵
状匙形，先端钝圆，基部渐狭。聚伞
状花序，花无梗，花瓣黄色，披针形，
萼片呈线状匙形，花期6—7月。

【生长习性】喜光，不耐阴，耐
寒，耐旱，对土壤要求不严格。

【花境应用】德国景天形态圆润饱
满、精致可爱（图6-504），黄色小花
聚集成花球，在翠叶的衬托下，更显
明艳（图6-505）。片植时植株很快覆
盖地面，长势郁郁葱葱（图6-506）。
与红色系植物搭配可营造暖色调景观
（图6-507），与蓝紫色系植物搭配则色
彩明亮舒适。

图6-504 德国景天单株

图6-505 德国景天开花效果

图6-506 德国景天片植效果

图6-507 和红叶矾根搭配

熊猫堇

Viola banksii

堇菜科　堇菜属

【形态特征】多年生草本。株高 10～20 cm。叶片肾形，先端圆，基部浅心形或深心形，边缘具疏锯齿。花蓝色，单生于上部叶腋，花梗纤细，花期 5—10 月。

图6-508　熊猫堇单株

【生长习性】喜温暖、湿润气候，喜光，耐半阴，稍耐寒，耐旱，宜松软、透气的土壤。匍匐茎具有扩张性。

【花境应用】熊猫堇叶形可爱，淡紫色花朵小巧玲珑（图6-508）。株型紧凑而规整（图6-509）。片植覆盖效果好（图6-510）。熊猫堇适宜阴湿环境，可在阴生花境中作基底覆盖，与其他阴生植物营造幽静、雅致的氛围（图6-511）。

图6-509　在苗圃的生长状态

图6-510　片植开花效果

图6-511　在阴生花境中的应用

参考文献

【1】成海钟,魏钰.花境赏析2021[M].北京：中国林业出版社，2021.

【2】北京林业大学园林系花卉教研组.花卉学[M].北京：中国林业出版社，1990.

【3】安德鲁·劳森.花园色彩[M].余传文，译.武汉：湖北科学技术出版社，2021.

【4】杨丽琼.园林植物景观设计[M].北京：机械工业出版社，2017.

【5】夏宜平.园林花境景观设计[M].第2版.北京：化学工业出版社，2020.

【6】叶剑秋.花境全典[M].北京：中国林业出版社，2021.

【7】任全进，刘刚，蒋飞，等.园林植物病虫害防治手册[M].南京：东南大学出版社，2020.

【8】何生根，李红梅，郭翠娥，等.植物生长调节剂在观赏植物上的应用[M].北京：化学工业出版社，2019.

【9】魏钰,张佐双,朱仁元.花境设计与应用大全（上下卷）[M].北京：北京出版社，2006.

【10】袁小环.观赏草与景观[M].北京：中国林业出版社，2015.

【11】皮特·奥多夫（Oudolf P.），诺埃尔·金斯伯里（Kingsbury N.）.荒野之美——自然主义种植设计[M].唐瑜，涂先明，田乐，译.北京：化学工业出版社，2021.

【12】武菊英.观赏草及其在园林景观中的应用[M].北京：中国林业出版社，2008.

中文名索引